江南文化研究论丛·第一辑
主　编　田晓明
副主编　路海洋

学术支持
苏州市哲学社会科学界联合会
苏州科技大学城市发展智库
苏州大学东吴智库
苏州科技大学文学院

本丛书获苏州市社科基金项目出版资助

江南文化研究论丛·第一辑

主编 田晓明　副主编 路海洋

江南文化视域下的周瘦鹃生活美学研究

李斌 著

苏州大学出版社
Soochow University Press

图书在版编目(CIP)数据

江南文化视域下的周瘦鹃生活美学研究／李斌著
．—苏州：苏州大学出版社，2022.12
（江南文化研究论丛／田晓明主编．第一辑）
ISBN 978-7-5672-4166-4

Ⅰ．①江… Ⅱ．①李… Ⅲ．①周瘦鹃(1895-1968)
-社会生活美—研究 Ⅳ．①B834.3

中国版本图书馆 CIP 数据核字(2022)第 241181 号

书　　名 /	江南文化视域下的周瘦鹃生活美学研究
	JIANGNAN WENHUA SHIYU XIA DE ZHOU SHOUJUAN SHENGHUO MEIXUE YANJIU
著　　者 /	李　斌
责任编辑 /	吴昌兴
特约校对 /	周　全
装帧设计 /	吴　钰
出版发行 /	苏州大学出版社
地　　址 /	苏州市十梓街 1 号
邮　　编 /	215006
电　　话 /	0512-67481020
印　　刷 /	苏州市深广印刷有限公司
开　　本 /	787 mm×1 092 mm　1/16　印张 14.75　字数 242 千
版　　次 /	2022 年 12 月第 1 版
印　　次 /	2022 年 12 月第 1 次印刷
书　　号 /	ISBN 978-7-5672-4166-4
定　　价 /	58.00 元

图书若有印装错误，本社负责调换
苏州大学出版社营销部　电话：0512-67481020
苏州大学出版社网址　http://www.sudapress.com
苏州大学出版社邮箱　sdcbs@suda.edu.cn

文化抢救与挖掘：人文学者的历史使命与时代责任
——"江南文化研究论丛"代序

田晓明

　　世间诸事，多因缘分而起，我与"大学文科"也不例外。正如当年（2007年）我未曾料想到一介"百无一用"的书生还能机缘巧合地担任一所百年名校的副校长，也从未想到过一名"不解风情"的理科生还会阴差阳错地分管"大学文科"，而且这份工作一直伴随着我近二十年时间，几乎占据了我职业生涯之一半和大学校长生涯之全部。我理解，这也许就是人们常说的缘分吧！

　　承应着这份命运的安排，我很快从既往断断续续、点点滴滴的一种业余爱好式"生活样法"（梁漱溟语：文化是人的生活样法）中理性地走了出来，开始系统、持续地关注起"文化"这一话题或命题了。尽管"文化"与"大学文科"是两个不同的概念，但在我的潜意识之中，"大学文科"与"文化"彼此间的关联似乎应该比其他学科更加直接和密切。于是，素日里我对"文化"的关切似乎也就成了一种偏好、一种习惯，抑或说是一种责任！

　　回眸既往，我对"文化"的关注大体分为两个方面或两个阶段：一是起初仅仅作为一名普通读书人浸润于日常生活、学习和工作中的碎片式"体悟"；二是2007年之后作为一名大学学术管理者理性、系统且具针对性的理论思考和实践探索。

　　作为20世纪80年代初期的大学生，我们这一代人虽然被当时的人们羡称为"天之骄子""时代宠儿"，但我们自个儿内心十分清楚，我们就如同一群刚刚从沙漠之中艰难跌打滚爬出来的孩子，对知识和文化的追求近乎如饥似渴！有人说：在没有文学的年代里做着文学的梦，其灵魂是苍白的；在没有书籍的环境中爱上了读书，其精神是饥渴的。我的童年和少年就是在这饥渴而苍白的年代中度过的，平时除了翻了又翻的几本连环画和看了又看的几部老电影，实在没有太多的文化新奇。走进大学校园之后，图书馆这一被誉为"知识海洋"的建筑物便成为我们这代人日常生活和学习的主要场所，而且那段生活和学习的时光也永远定格为美好的记忆！即便是现在，偶尔翻及当初留下的数千张读书卡片，我内心深处仍没有丝毫的艰辛和苦楚，而唯有一种浓浓的自豪与甜蜜的回忆！

如果说大学图书馆（更准确地说是数以万计的藏书）是深深影响着我们这代读书人汲取"知识"和涵养"文化"的物态载体，那么，伴随着改革开放在华夏大地上曾经涌起的一股强劲的"文化热"，则是我们这代人成长经历中无法抹去的记忆。20世纪80年代，以李泽厚、庞朴、张岱年等为代表的一大批学者，一方面对中国传统思想文化展开了批评研究，另一方面对西方先进思想文化进行学习借鉴，从而引导了文化研究在改革开放以来再次成为社会热点。如何全面评价20世纪80年代的那股"文化热"，这是文化研究学者们的工作。而作为一名大学学术管理者，我特别注意的是这股热潮所引致的一个客观结果，那就是追求精神浪漫已然成为那个时代的一种风尚，而这种精神浪漫蕴含着浓郁的人文主义和价值理性指向。其实，这种对人文主义呼唤或回归的精神追求并不只是当时中国所特有的景致。

放眼世界，由于科学主义、工具理性的滥觞，人文社会科学日渐式微，人文精神也日益淡薄。而这种人文学科日渐式微、人文精神日益淡薄现象最早表现为大学人文学科的边缘化甚至衰落。早在20世纪60年代，国际学术界尤其是大学人文社会科学界就由内而外、自发地涌起了"回归人文、振兴文科"的浪潮。英国学者普勒姆于20世纪60年代出版的《人文学科的危机》，引发了欧美学界尤其是人文社会科学界的广泛关注和热烈讨论；美国学者罗伯特·维斯巴赫针对美国人文学科的发展困境发表感慨："如今的人文学科，境遇不佳，每况愈下，令人束手无策"，"我们已经失去其他领域同事们的尊敬以及知识大众的关注"；乔·古尔迪曾指出，"最近的半个世纪，整个人文学科一直处于危机之中，虽然危机在每个国家的表现有所不同"；康利认为，美国"20世纪60年代社会科学拥有的自信心，到了80年代已变为绝望"；利奥塔甚至宣称"死掉的文科"；等等。尽管学者们仅仅从大学学科发展之视角来探析人文社会科学的式微与振兴，却也从另一个侧面很好地反映出人类社会所遭遇的人文精神缺失和文化危机的现象。

在这样的大背景下，中国人文社会科学也不例外。作为一名大学学术管理者和人文社会科学研究者，我从未"走出"过大学校门，对大学人文精神愈益淡薄的现状也有极为深切的体会，这也促使我反复思考大学的本质究竟是什么。数年之前，我曾提出了自己对这一问题的认识：在归根结底的意义上，大学的本质就在于"文化"——在于文化的传承、文化的启蒙、文化的自觉、文化的自信、文化的创新。因为脱离了文化传承、文化启蒙、文化创新等大学的本质性功能，人才培养、科学研究和社会服务都会成为无源之水、无本之木，而大学的运行就容易被视作简单传递知识和技能的工具化活动。从这一意义上说，大学文化建设在民族文化乃至人类文化传承、创新中拥有不可替代的重要地位甚至主要地位。换言之，传承、创新人类文化应该是大学的历史使命与责任担当。

对大学本质功能的思索，也是对大学人文精神日益淡薄原因的追问，这一追问的结果还是回到了文化关怀、文化研究上来。由于在地的原因，我对江南文化和江南文化研究有着较长时间的关注。提及江南文化，"江南好，风景旧曾谙。日出江花红胜火，春来江水绿如蓝，能不忆江南"，"江南可采莲，莲叶何田田"，"人人尽说江南好，游人只合江南老"，"忽听春雨忆江南"，"杏花春雨江南"等清辞丽句就会自然而然地涌上我们的心头，而很多人关于江南的文化印象很大程度上也正是被这些清辞丽句所定义。事实上，江南文化是在"江南"这一自然地理空间中层累发展起来的物质文化、精神文化的总称。

从历史上看，经过晋室南渡、安史之乱导致的移民南迁、南宋定都临安等一系列重大历史事件，江南在中国文化中的中心地位日益巩固，到了明清时期，江南文化更是发展到了它的顶峰。近代以来，江南文化也并未随着封建王朝的崩解而衰落，而是仍以其强健的生命力，在中西文化冲突与交融的大背景下，逐渐形成了兼具传统性与现代性的新江南文化。在这个意义上，我们所说的江南文化，既是历史的，也是现代的，既是凝定的，也是鲜活的，而其中长期积累起来的优秀文化传统，已经深深融入江南社会发展的肌体当中。如果再将审视的视野聚焦到江南地区的重要城市苏州，我们便不难发现，在中国古代，苏州是吴文化的重要发祥地之一，也是江南文化发展的一个核心区域，苏州诗词、戏曲、小说、园林、绘画、书法、教育、经学考据等所取得的丰厚成就，已经载入并光耀了中华传统文化史册；在当今，苏州也仍然是最能体现江南文化特质、江南文化精神的名城重镇。

我们今天研究江南文化，不但是要通过知识考古的方式还原其历史面貌，还要经由价值探讨的方法剔理其中蕴涵的文化传统、文化精神及其现代价值与意义，更要将这些思考、研究成果及时、有效地运用于现实社会生活，从而真正达成文化的传承、弘扬与创新。

其实，世界上最遥远的距离并不在天涯海角之间，也不是马里亚纳海沟底到珠穆朗玛峰巅，而在于人们意识层面的"知道"与行为表达的"做到"之间。所幸无论在海外还是在本土，学界有关"回归人文、振兴文科"的研讨一直没有中断，政府的实践探索活动也已开启并赓续。2017年美国希拉姆学院率先提出"新文科"概念，强调通过"跨学科""联系现实"等手段或路径摆脱日渐式微的人文社会科学困境。如果说希拉姆学院所言之"新文科"是一种自下而上的、内生型的学界主张，那么我国新近提出的"新文科"建设则具有鲜明的中国特色。作为一名长期从事文科管理的大学办学者，我也深有一种时不我待的紧迫感和"留点念想"的使命感！十多年以来，无论是在苏州大学还是在苏州科技大学，我都是以一种"出膏自煮"的态度致力于大学文科、文化校园和区域文化建设的：本人牵头创办的苏州大学博物馆，现已成为学校一张靓丽的文化名片；本人策划、制作的苏州大学系列人物雕塑，也成为学校一道耀眼的风景线；本人策划和主编的大型文化抢救项目"东吴名家"系列丛书和专题片也已启动，"东吴名家"（艺术家系列、名医系列、人文学者系列等）相继出版发行，也试图给后人"留点念想"；本人在全国高校中率先创办的"苏州大学东吴智库"（2013年）和"苏州科技大学城市发展智库"（2018年）先后获得江苏省哲学社会科学重点研究基地和江苏高校哲学社会科学重点研究基地，且跻身"中国智库索引"（CTTI），本人也被同行誉为"中国高校智库理论思考和实践探索的先行者"……

素日里，我也时常回眸来时路，不断检视、反思和总结这些既有的工作业绩。我惊喜地发现，除了自身的兴趣和能力，苏州这座洋溢着"古韵今风"的魅力城市无疑是这些业绩或成就的主要支撑。随着文化自信被作为中华民族伟大复兴历史梦想的重要组成部分而提出、强调，在理论和实践层面实施中华优秀传统文化传承发展工程已经成为国家的一项重要发展战略。勤劳而智慧的苏州人对国家发展战略的响应素来非常迅速而务实，改革开放以来,他们不仅以古典园林的艺术精心打造出苏州现代经济板块,而且以"双面绣"的绝活儿巧妙实现了中国文化和世界文化的和谐对接。对于实施中华优秀传统文化传承发展工程的国家发展战略,苏州人也未例外。2021年苏州市发布了《"江南文化"品牌塑造三年行动计划》,目的即在传承并创造性转化江南优秀传统文化,推动苏州文化高质量发展,进一步提升城市文化软实力和核心竞争力。《"江南文化"品牌塑造三年行动计划》拟实施"十大工程",以构建比较完整的江南文化体系,而"江南文化研究工程"就是其中的第一"工程"。该"工程"旨在坚守中华文化立场,传承江南文化,加快江南历史文化发掘整理研究,阐释江南文化历史渊源、流变脉络、要素特质、当代价值,推动历史文化与现实文化相融相通,为传承弘扬江南文化提供有力的学术支撑。

为助力苏州市落实《"江南文化"品牌塑造三年行动计划》,我与拥有同样情怀和思考的好友路海洋教授经过数次研讨、充分酝酿,决定共同策划和编撰一套有关江南文化研究的系列图书。在苏州市哲学社会科学界联合会大力支持下,我们以"苏州科技大学城市发展智库""苏州大学东吴智库"为阵地,领衔策划了"江南文化研究论丛"(以下简称"论丛")。首辑"论丛"由9部专著构成,研究对象的时间跨度较大,上起隋唐,下迄当代,当然最能代表苏州文化发展辉煌成就的明清时期以及体现苏州文化新时代创新性传承发展的当代,是本丛书的主要观照时段。丛书研究主题涉及苏州审美文化、科举文化、大运河文化、民俗文化、出版文化、语言文学、工业文化、博物馆文化、苏州文化形象建构等,其涵括了一系列能够代表苏州文化特色和成就的重要论题。

具体而言,李正春所著《苏州科举史》纵向展示了苏州教育文化发达史上很具辨识度的科举文化;刘勇所著《清代苏州出版文化研究》横向呈现了有清一代颇为兴盛的出版文化;朱全福所著《"三言二拍"中的大运河文化论稿》以明代拟话本代表之作"三言二拍"为着力点,论述了其中涵纳的颇具特色的大运河城市文化与舟船文化;杨洋、廖雨声所著《明清苏州审美风尚研究》和李斌所著《江南文化视域下的周瘦鹃生活美学研究》,分别从断代整体与典型个案角度切入,论述了地域特性鲜明的"苏式"审美风尚和生活美学;唐丽珍等所著《苏州方言语汇与民俗文化》,从作为吴方言典型的苏州方言入手,分门别类地揭示方言语汇中包蕴的民俗文化内涵；沈骅所著《苏州工业记忆：续篇》基于口述史研究理念，对改革开放以来的苏州工业历史作了点面结合的探研；艾志杰所著《影像传播视野下的苏州文化形象建构研究》和戴西伦所著《百馆之城：苏州博物馆文化品牌传播研究》，从文化传播维度切入，前者着眼于苏州文化形象建构的丰富路径及其特点的探研，后者则着力于苏州博物馆文化品牌传播内蕴的挖掘。

据上所述，本丛书的特点大体可以概括为十六个字：兼涉古今、突出典型、紧扣苏州、辐射江南。亦即选取自古以来具有典型意义的一系列苏州文化论题，各有侧重地展开较为系统的探研：既研究苏州文化的"过去时"，也研究苏州文化的"进行时"；研究的主体固然是苏州文化，但不少研究的辐射面已经扩展到了整个江南文化。丛书这一策划思路的宗旨正在于《"江南文化"品牌塑造三年行动计划》所说的使苏州"最江南"的文化特质更加凸显、人文内涵更加厚重、精神品格更加突出，从而提升苏州在江南文化话语体系中的首位度和辐射力。

诚然，策划这套丛书背后的深意仍要归结到我对大学本质性功能的体认，我们希望通过这套可能还不够厚重的丛书，至少引起在苏高校人文社会科学类教师对苏州文化、江南文化、中国传统文化传承与创新的重视，希望他们由此进一步强化对自己传承、创新文化这一历史使命与时代责任的认识，并进而从内心深处唤回曾经被中国社会一定时期疏远的人文精神、人文情怀——即便这套丛书只是一个开始。

目 录

001　绪　论　从文学的聚焦到生活的投眸

003　第一节　文学价值的体认
005　第二节　生活形象的转化
011　第三节　思路框架的设计

015　第一章　站在江南生活美学传统延长线上

018　第一节　生活美学的源与流
023　第二节　诗性的鹃式生活
030　第三节　生活美学的高雅派

037　第二章　至情至纯　以家为本：家庭生活美学

039　第一节　重情而顾家的"暖男"
046　第二节　苦难生活炮烙出的家本意识
049　第三节　德莫大于和的家风

055　第三章　勤勉通达　以美超越：职业生活美学

057　第一节　勤勉敬业的工作态度
063　第二节　圆融通达的学习意识
069　第三节　以美超越的审美境界

075　第四章　天人合一　遵生重道：旅游生活美学

- 077　第一节　舒心解忧的山水审美
- 083　第二节　天人合一的生态意识
- 086　第三节　生生不息的生命美学

093　第五章　栽花莳草　身体力行：劳动生活美学

- 096　第一节　花花草草的爱好
- 101　第二节　社会主义新劳动者
- 107　第三节　新劳动塑造新面貌

119　第六章　海上繁华　心灵故园：城市生活美学

- 122　第一节　告别摩登上海
- 130　第二节　定居风雅苏州
- 139　第三节　绵续名士生活

151　第七章　美好生活与江南文化的共生

- 153　第一节　摹画江南风物
- 157　第二节　传承昆曲艺术
- 167　第三节　赋能江南城市

175　第八章　江南名士的苏州生活

- 177　第一节　桃花坞里包天笑
- 185　第二节　光影徐来映碧波
- 192　第三节　栽李培桃曾着力

201　附　录　周瘦鹃等人的苏州生活居住地

216　参考资料

219　后　记

绪　论　从文学的聚焦到生活的投眸

周瘦鹃（1895—1968）（图1）原名祖福，字国贤，笔名怀兰室主、紫罗庵主人等，江苏苏州人。历任上海中华书局、《申报》《新闻报》的编辑和撰稿人，其间主编《申报》副刊达十余年之久。还主编过《礼拜六》《紫罗兰》《半月》《乐观》等。主要作品有《亡国奴日记》《紫兰花片》《紫罗兰集》《紫罗兰外集》《紫兰芽》等小说集；《行云集》《花花草草》《花前琐记》《苏州游踪》《拈花集》等散文集；《欧美名家短篇小说丛刊》《世界名家短篇小说集》等译文集。

图1　周瘦鹃

第一节　文学价值的体认

人们对周瘦鹃的印象大多来自对他的文学价值的评价，这种文学评价经历了从遮蔽到祛蔽的过程。范伯群《礼拜六的蝴蝶梦——论鸳鸯蝴蝶派》、余夏云《雅俗的对峙：新文学与鸳鸯蝴蝶派的三次历史斗争》谈及"新文学势力"对周瘦鹃的言语攻击。这些批评者的态度并非一成不变的，其中鲁迅的态度就是一例。20世纪20、30年代，鲁迅点名批评周瘦鹃，说他"摇头摆尾""强弩之末"，"一方面策动各小报，对黎烈文作总攻击"，他还讽刺道："周瘦鹃在自己编的《春秋》内说：各种副刊有各种副刊的特性，作河水不犯井水之论，也足见周瘦鹃犹惴惴于他现有地位的危殆。"[1]鲁迅指责的是周瘦鹃的派别意识、选稿私心，而非文字低俗、人品恶劣。这可以从鲁迅的一段话看出来：

  他平日对于选稿方面，太刻薄而私心，只要是认识的投去的稿，不看内容，见篇即登；同时无名小卒或为周所陌生的投稿者，则也不看内容，整堆的作为字纸篓的房俘。因周所编的刊物，总是几个夹袋里的人物，私心自用，以致内容糟不可言！外界对他的攻击日甚，如许啸天主编之《红叶》，也对周有数次剧烈的抨击，史量才为了外界对他的不满，所以才把他撤去。那知这次史量才的一动，周竟作了导火线，造成了今日新旧两派短兵相接战斗愈烈的境界！以后想好戏还多，读者请拭目俟之。[2]

20世纪30年代中期，鲁迅对周瘦鹃的态度发生了转变，他在号召全国的文艺界人士团结起来建立最广泛的抗日联合战线的宣言中这样说道："我以为文艺家在抗日问题上的联合是无条件的，只要他不是汉奸，愿意或赞成抗日，则不论叫哥哥妹妹，之乎者也，或鸳鸯蝴蝶都无妨。"[3]后来，

---

[1] 芮和师、范伯群、郑学弢等：《鸳鸯蝴蝶派文学资料》，福建人民出版社，1984，第803页。
[2] 同上书，第803-804页。
[3] 同上书，第812页。

周瘦鹃的名字出现在鲁迅起草的《文艺界同人为团结御侮与言论自由宣言》的名单列表中,这说明鲁迅并非全盘否定周瘦鹃等鸳鸯蝴蝶派的作家,因此仅仅依据文学评价来论断周瘦鹃肯定是不客观的。即便从文学评价来看,周瘦鹃也属于被"五四作家"误伤的群体。无论是经他编辑发表还是他亲自创作的各类文学作品的质量绝不能以"低俗"简单断论。众所周知,他编辑的杂志坚持按刊物特性严格选稿,图画、插图、文字三方面都严格选刊,颇蒙国内外人士所赞许。在小说创作上更是如此,他写过一篇小说《酒徒之妻》,借"王医生"之口返评自己和自己的这篇《酒徒之妻》的内容,这种令人眼前一亮的画中画、镜中镜的叙事手法与欧美小说相比也堪称"前卫"[1]。

  20世纪80年代前,周瘦鹃很少以正面形象进入官方编纂的文学史、出版史、文化史著作中。80年代后,研究者才开始有一定规模地整析鸳鸯蝴蝶派的小说作品,"重写中国现代文学史"。1984年,魏绍昌主编的《鸳鸯蝴蝶派研究资料》和芮和师、范伯群等编的《鸳鸯蝴蝶派文学资料》中编选了不少鸳鸯蝴蝶派小说作品,并辅以列传、索引和评价。王智毅在《鸳鸯蝴蝶派早期代表作家周瘦鹃》中提议将周瘦鹃与一般鸳鸯蝴蝶派区别开来,给他一个实事求是的较高的评价。1993年,王智毅、魏绍昌、袁进、赵孝萱、范伯群主张将周瘦鹃"列入近现代文学的史册之中",确认了他在现当代文学史上的地位与价值。之后各大名人辞典如南京大学历史系编《中国历代名人辞典》(1982)、李盛平编《中国近现代人名大辞典》(1989)、李宇铭编《中华人民共和国史词典》(1989)、异天、戈德编《中国当代艺术界名人录》(1993)等都收录了对周瘦鹃的正向评价。范伯群在《周瘦鹃和〈礼拜六〉》中从重估五四运动、新文化运动中的所谓新派与旧派文人地位的高度来评价周瘦鹃"作品虽有封建残余的部分,但也有承传民族美德的部分"。进入新世纪以来,范伯群在《周瘦鹃论》中为数十年来围绕周瘦鹃的众口不一的争议以高屋建瓴的视野作了一个综合性的总结,指出周瘦鹃"著、译、编皆能,又是杰出的园艺盆景专家"[2],至此周瘦鹃集创作、翻译、编辑与园艺的四大成就终于获得全面完整的学术认可。

---

[1] 张勐:《清末民初短篇小说叙事初探》,《中国现代文学研究丛刊》2010年第5期。
[2] 范伯群:《周瘦鹃论》,《中山大学学报》(社会科学版)2010年第4期。

第二节　生活形象的转化

伴随着对周瘦鹃文学价值的重估，以"人"的视角而不是"政治"视角来做文学评价的趋势悄然出现。以范伯群为代表的"苏州学派"通过梳理和研究鸳鸯蝴蝶派作家作品得出"俗文学和雅文学是现代文学的双翼"的结论，"新文学的主流作家以'为人生'与'中国向何处去'等探求为己任；而通俗作家则侧重于为'乡民市民化'等现代化工程贡献自己的力量"[1]。基于美学需求而非政治需求、基于文艺规律而非政治规律的文学评价标准转化是改革开放后现当代文学研究的重要成果，对"人"的发现成为中国文学发展动力，"什么是贯穿与推动20世纪中国文学发展的内在动力？是何根本性因素激发与规约了20世纪中国文学的纷繁复杂现象与诸种创作方法更迭、流派纷呈重组？是20世纪对人的发现：人对自我的认识、发展与描写，人对自我发现的对象化……"[2]，"人的文学"标准重建后，"文学周瘦鹃"的形象浮出地表。"文学周瘦鹃"的形象主要包括小说家形象、编辑家形象、翻译家形象与散文家形象，笔者对此逐一略为梳理一下。

首先，小说家形象。这是周瘦鹃广为人知与一致认同的经典形象。与他同时代的文学同人就已视他为杰出的小说家了，如王钝根这样评价周瘦鹃：

君之小说，最初投于时报，为包天笑先生所赏识，然见于时报者极少，后乃改投申报，余爱其情致缠绵，字迹娟秀，决为多情人，亟与缔交，邀为自由谈常任撰述，兼作游戏杂志《礼拜六》之台柱，于

---

[1] 范伯群：《1921—1923：中国雅俗文坛的"分道扬镳"与"各得其所"》，《文学评论》2009年第5期。
[2] 朱栋霖：《人的发现与文学史构成》，《学术月刊》2008年第3期。

是君言情小说专家之名大振。[1]

当时还有一位叫王锦南的作者专门写了一篇《小说家别传——周瘦鹃先生》，将周瘦鹃称作有"至高地位"的小说家。在20世纪20、30年代的上海文坛，周瘦鹃的文学影响力可见一斑。这个形象也获得了当代学者的认同。刘延玲、李红东、范伯群等人认为周瘦鹃的小说"至情至纯"，跨出中国小说现代转型的重要一步，为"五四"现代小说的成型与发展做了重要铺垫，是从冯梦龙们的木刻雕版到鸳鸯蝴蝶派作家的机械化媒体，再到网络文学的去纸张、去油墨化的当今市民大众文学链中不可或缺的重要一环。

从海外影响来看，周瘦鹃的杂文《祖国之徽》曾被日本作家桃川氏译成日文，刊载在上海出版的《上海公论》。[2] 海外学者多将目光集中于他的小说与翻译，主要成果如 Short Stories by Bao Tianxiao and Zhou Shoujuan During the Early Years of the Republic[3], Modern Chinese Literary Thought: Writings on Literature, 1893-1945[4], Rethinking Chinese Popular Culture: Cannibalizations of the Canon[5] 等。此外还有部分学者将周瘦鹃的小说译成英文，如理查德·金（Richard King）翻译的《对邻的小楼》（The Little Apartment across the Way），安德鲁·F.琼斯（Andrew F. Jones）翻译的《留声机片》（The Phonograph Record），西奥多·胡特斯（Theodore Huters）翻译的《上海潮（节选）》（The Shanghai Tide: excerpts），帕瑞·林克（Perry Link）翻译的《行再相见》（We Shall Meet Again）等。其中《行再相见》的译者，著名汉学家帕瑞·林克（Perry Link）这么评价周瘦鹃：他是当时中国20多岁作家中最多产的作家，《行再相见》在很多方面可被视为典型的充满悲伤的少年爱情故事，是一个以悲剧结尾的故事，不啻一门展示孝道文化的实物课程。但是它在一个主要方面没有代表性，即男情人是外国人。不过，正是

---

[1] 钝根：《本旬刊作者诸大名家小史》，《社会之花》1924年第1期。
[2] 周瘦鹃：《姑苏书简》，新华出版社，1995，第87页。
[3] Xu Xueqing, "Short Stories by Bao Tianxiao and Zhou Shoujuan During the Early Years of the Republic" (PhD diss., University of Toronto, 2000).
[4] Kirk A. Denton, Modern Chinese Literary Thought: Writings on Literature, 1893—1945 (San Francisco: Stanford University Press, 1996).
[5] Carlos Rojas and Eileen Cheng-yin Chow, Rethinking Chinese Popular Culture: Cannibalizations of the Canon (London: Routledge, 2009).

这个因素，生动地说明了一个几乎贯穿所有流行的都市青少年小说的主题。这个主题是抵抗西方文化。在这篇小说的许多地方，握手、说英语等被认为是时髦但肤浅的，在婚姻和孝道等更关键的地方，西化的方式是被坚决否决的，由此，译者相当深入地洞悉了周瘦鹃坚守传统文化的特性。

其次，编辑家形象。这也是周瘦鹃被公认的主要形象。他曾任上海中华书局编辑，独办或与他人合办《半月》《上海画报》《紫罗兰》《游戏世界》《中华》《紫葡萄》《良友》《新家庭》等刊，他在编辑方面的成就得到了研究者的关注，其中范伯群的《周瘦鹃和〈礼拜六〉》、刘铁群的《现代都市未成型时期的市民文学——〈礼拜六〉杂志研究》、郭建飞的《周瘦鹃的"礼拜六"》、贾金利的《〈礼拜六〉杂志编辑思想评析》、李频的《都市休闲期刊从〈礼拜六〉开始——中国期刊史札记之八》等研究了《礼拜六》杂志的编辑思想。周渡、张向凤的《周瘦鹃在〈上海画报〉中的编辑实践》研究了《上海画报》的编辑实践。陈建华的《〈申报·自由谈话会〉——民初政治与文学批评功能》以《申报》自由谈副刊为视角，探讨民国时期的都市通俗文学与报纸杂志等大众传媒的政治关系，强调"通俗"（"鸳鸯蝴蝶派"）文学不仅在大众启蒙及打造时尚等方面扮演重要角色，也在政治和文化方面切入都市的发展趋势。宋媛的《新旧共存雅俗易位——从〈良友〉画报看民国二十年代文学时尚》、吕新雨的《国事 家事 天下事——〈良友〉画刊与现代启蒙主义》、陈敏杰《转型时期的上海文学期刊——1927 至 1930 年上海文学期刊研究》讨论了转型时期的《良友》对时尚消费文化的响应。石娟的《"个人杂志"的投降——周瘦鹃与〈半月〉〈紫兰花片〉〈紫罗兰〉》综合性地探究了 20 世纪 20—40 年代周瘦鹃的出版活动，其中涉及的刊物包括《礼拜六》《半月》《紫罗兰》（前）《紫兰花片》《良友》《乐观》《紫罗兰》（后）等。

再次，翻译家形象。他翻译过《欧美名家短篇小说》《莫泊桑短篇小说集》《百合魔》《孤星怨》《爱之花》等小说与剧本，20 世纪 20、30 年代就已在翻译领域获得了专家的赞誉。20 世纪 90 年代以来，学者们纷纷投眸于他在翻译方面的成就。其中王丽云的《现代思想视域下回顾翻译家周瘦鹃的历史贡献》、王雅玲的《周瘦鹃翻译研究》、季淑凤的《周瘦鹃外国小说译介活动的生态翻译学考察》《翻译与借鉴：论周瘦鹃中西合璧的短篇小说》、王敏玲的《周瘦鹃翻译研究新阐释》、张惠的《反古、雅化与催化——周瘦鹃〈欧美名家短篇小说丛刊〉的取材、译风与影响》、孙超的《专业眼光·才子笔墨·哀为主调——论周瘦鹃的翻译小说》等文章围绕选材、翻译策略、翻译思想开展了详细且周密的探析。

最后，散文家形象。他的散文创作颇丰。新中国成立后陆续出版了《园艺杂谈》（上海文化出版社，1956）、《盆栽趣味》（上海文化出版社，1957）、《花前琐记》《花前续记》（江苏人民出版社，1956）（图2）、《花花草草》（上海文化出版社，1956）、《行云集》（江苏人民出版社，1962）、《花弄影集》（上海书局，1964）；20世纪80年代以来出版了《花木丛中》《苏州游踪》（金陵书画社，1981）、《拈花集》（上海文化出版社，1983）；20世纪90年代至今出版了《花语》（上海文化出版社，1999）、《姑苏书简》（新华出版社，1995）、《周瘦鹃·苏州》（吉林美术出版社，2004）、《周瘦鹃自编精品集》（广陵书社，2019）含《花前琐记》《花前续记》《花前新记》《花弄影集》《花花草草》《行云集》等作品。近年来，学者发现了他的一些未被编入以上文集的新文。宫立在周瘦鹃老友赵君豪编《旅行杂志》上新发现周瘦鹃《黄山纪游》《我所爱游的名山》《我的苦学史》三篇，及周瘦鹃为赵君豪《游尘琐记》作的序，还有《我与报纸副刊》《无人知是御霜簃》《还乡记痛》《看了〈蜕变〉》《〈大戏考〉序》等。

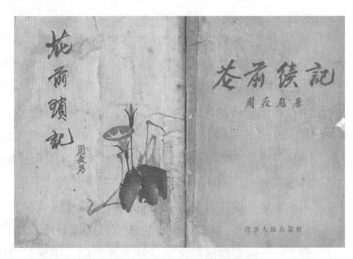

图2 《花前琐记》《花前续记》

较早研究周瘦鹃散文艺术的著作是毛乐耕、陈朝华的《论周瘦鹃散文小品的艺术风格》，于此基础上，不少学者相继开展了对他的散文艺术的多维度的探视。肖玉华认为周瘦鹃新中国成立以后创作的花木题材散文整体上表现出婉约情致、闲适旨趣和收放自如的文人笔法等特点。王晖认为周瘦鹃的花木散文传达出其融诗词为一体、知感交融、虚实结合之艺术传达方式的鲜明个性。胡明刚认为周瘦鹃的散文《拈花集》价值不在《全芳备祖》和《花镜》之下。陈建华认为周瘦鹃在《上海画报》发表的散文如万花筒般的都市风情、文化动脉，一波又一波的，正映照出上海人的兴头。范伯群评价周瘦鹃的散文价值高于小说。

周瘦鹃的小说家、编辑家、翻译家和散文家的形象都是从作品视角观察得来的，而基于生活视角的观察还比较少见。陈建华认为周瘦鹃打造出了文学商品的都市传奇，指出：文学和现代的都市意识关系密切，与其从纯文学的角度评价得失，不如将其文学内容放到都市日常生活与民国的意识形态的境遇中加以观察。他通过海派文化日常生态的视角对周瘦鹃的文学创作、编辑活动的社会影响进行了重新评价，但他的基点仍是文学作品、刊物，所谈论的"生活"也是抽象意义的别人的生活，而不是周瘦鹃的生活。好友郑逸梅的《周瘦鹃事略》《紫罗兰庵主人周瘦鹃》描绘了"说坛耆宿"周瘦鹃文学创作之外的生活景象。当代学者王之平的《周瘦鹃迹踪寻访记》、朱安平的《苏州有个周瘦鹃》、陈子善的《周瘦鹃的紫罗兰情结》、段慧群的《文雅澹定周瘦鹃》等以实地寻踪和文献钩沉的方式阐释周瘦鹃于日常生活中散溢出的精神风采和人格特质。黄恽的《周瘦鹃三题》通过对周瘦鹃为人处世的大度与淡泊的性格的剖析回答了周瘦鹃"到底是怎样的人"的问题。何媛媛的《紫兰小筑——周瘦鹃的人际花园》则以周瘦鹃的紫兰小筑为中心讨论了他的充满美学意义的社会交往生活。刘莉的《通俗文学创作群体公共交往网络研究——从周瘦鹃任主编时的〈申报·自由谈〉谈起》和孙姝的《在"新"与"旧"之间走自己的路——论周瘦鹃其人》认为周瘦鹃以传媒、社团等公共交往网络相互联结成为他编辑与创作事业获得成功的基石。崔晋余的《愿君休薄闲花草——追怀周瘦鹃先生的盆景艺术》、谢孝思的《周瘦鹃和他的盆景艺术》、高德举的《回忆盆景艺师周瘦鹃》探求了他的花木与艺术生命合二为一的特质，认为周瘦鹃是"中国文人盆景第一人"。笔者在《鸳鸯蝴蝶派与早期中国文化创意产业（1919—1930）》《江苏艺术家与早期中国电影文化产业发展研究》《鸳鸯蝴蝶派与中国现代电影发生》《周瘦鹃〈影戏话〉与中国早期电影观念生成》中讨论了周瘦鹃的文化消费与日常生活。他喜欢观影，"笑风泪雨，起落于电光幕影中。而吾中心之喜怒哀乐，亦授之于影片中而不自觉"[1]。观影不但拓展了他的日常娱乐空间，而且也是他从事影评、编剧等"电影工作"的前提。从观影生活到"电影工作"再到"文学工作"之间，形成一条隐形的连接脉络，隐现出"文学艺术家"和"生活艺术家"的复合型形象。

归纳上述，研究者们达成的共识在于：若要从"文学艺术价值"与"生活艺术价值"的复合视角来重新评价周瘦鹃，就需要从对他的文学创作成就的单一性梳理中抬起头来，看到他蕴含于日常生活中的对传统文化道德精神的继承、对儒家文化自尊和自信的坚守、与世不争的平和性格、与人为善的价值观、勇挑家庭重担的责任心、投入园艺建设的劳动意识等。他的"生活主义"与"五四作家"宣扬的"革命主义"并非不可调和，而是统一于近现代复杂的社会转型图景中的"另一种世界经验与中国想象"[2]。

---

[1] 瘦鹃：《影戏话》，《申报》1919年6月20日，第15版。
[2] 陈建华：《周瘦鹃与〈半月〉杂志："消闲"文学与摩登海派文化（1921—1925）》，《苏州教育学院学报》2018年第6期。

第三节　思路框架的设计

20世纪20年代的周瘦鹃就被时人以"弹泪吹花笔一枝，灵心灵肺贮相思。江南金粉胭脂梦，都入周郎绝妙辞"[1]的诗句加以赞颂，诗中提到了江南文化对周瘦鹃文学创作和性格气质的深刻影响，诚哉斯言！江南生活美学的确蕴藏了周瘦鹃生活美学赖以孕生的大部分文化养分。他在江南生活美学传统受到近代以来殖民侵略、社会动荡的现实冲击时，以文学书写与亲身实践延续与保存了江南生活美学的余脉，并于新中国成立后在以他为代表的江南名士的生活承传中将其发扬光大，给当代公众提供了更为切近、更加地方、更有活性的生活范型。本书首先基于历史视域的美学传统，从江南文化和江南生活的共生关系切入，探析周瘦鹃生活美学美从何而来的历史渊源；其次围绕生活美学典型形态，参考从唐宋到明清时代文人尚雅清赏的生活美学分类，如茶诗生活、戏曲生活、赏花生活、收藏生活、旅游生活等，缕清生活美学由古至今的沿革、类型与特征；最后从生活范式、文化宣传和典型传承等方面讨论周瘦鹃对当代江南文化品牌建设的推动作用。

于此思路下，本书分作如下框架。

（1）传统生活美学发展变迁历程，重点观照明清时期江南文人生活美学。周瘦鹃在收藏、品茗等风雅生活上显现江南文人的诗性。由周瘦鹃观鸳鸯蝴蝶派，发现他们在诗性生活的共性化倾向。从生活美学来看，鸳鸯蝴蝶派当属高雅派无疑。

（2）周瘦鹃的家庭生活美学。周瘦鹃虽被时人称为"情种"，但骨子里却非风花雪月之人，而是重家庭、守伦理之人。青少年时期苦难生活经历塑造周瘦鹃以家为本、以和为贵、一视同仁、人格平等的家本情怀。他对

---

[1] 陈道量：《怀周瘦鹃》，《申报》1926年5月19日，第17版。

妻子的态度、对子女的教育、对家庭未来的规划既继承了重视家教与家风的中华优秀家文化，也吸收了包容、开放、创新的现代元素，显现文学家、编辑家、翻译家之外的又一形象——"家庭暖男"。周瘦鹃将家本意识、家和理念贯穿于家庭生活实践中，在推动"以家为本""家庭至上"的传统观念向"以人为本""个人和家庭兼顾"的现代观念转变上做出贡献。

（3）周瘦鹃的职业生活美学。在职业作风上，他勤奋刻苦，态度认真，说到做到，忠于职守。在职业方法上，他借助渠道拓展人脉，利用时机提升技能。在职业精神上，他将生活和工作结合，视工作为美好生活一部分。周瘦鹃的认真工作的态度、灵活变通的理念与超越性的美的追求，为当代人提供了纾解内心焦虑、平衡职业与生活的合适范本。

（4）周瘦鹃的旅游生活美学。悦耳悦目、悦心悦意、悦志悦神是旅游生活美学的三个层次。在周瘦鹃眼中，大自然的美是极具吸引力的，他从中获取高纯度的愉悦和舒畅，产生悦耳悦目的山水美学。周瘦鹃在旅游中对于大自然的尊重，体现出传统生态美学的影响，产生悦心悦意的生态美学。旅游途中不仅欣赏自然景观，而且景观欣赏嵌入天人合一的生命体验，产生悦志悦神的生命美学。

（5）周瘦鹃的劳动生活美学。新中国成立后，栽花莳草成为周瘦鹃的日常生活。园艺劳动带来的幸福愉悦感渗透他的文学创作，形成充满强烈情感和生命力的园艺散文。园艺劳动塑造老当益壮的身体，产生对社会主义劳动者身份的认同，实现脱去物质束缚后的心灵自由。园艺劳动改变周瘦鹃的生活和心灵的同时，也成为他与新社会各阶层，尤其是劳动人民建立真诚友好关系的媒介。园艺劳动帮助周瘦鹃实现个人价值、合契主流意识形态，他对劳动和劳动者身份的认同体现生活美学的转向。

（6）周瘦鹃的城市生活美学。周瘦鹃在"中心城市"上海工作，然而"周边城市"苏州的生活和交往对他产生重要影响。周瘦鹃的跨城生活既显现他的文学创作与生活体验的互动，也显现了同功能的城市对文人的文学、生活的影响，展示出"中心城市"与"周边城市"在生活、生产、消费等方面的互补关系。上海是他的谋生之地，苏州是他的立命之所。上海孕育了他笔底烟云飞的前半生，苏州包容了他长歌吟松风的后半生。作为"周边城市"的苏州并非周瘦鹃出生之地，但却是他的精神家园。他对上海的选择是"被动选择"，对苏州的选择是"主动选择"。从上海到苏州的跨城经历孕育江南美好生活传统的新变。以周瘦鹃为中心的江南名士们塑造出绵延至今、仍有影响的"名士生活"。

（7）周瘦鹃的生活美学对美好生活与江南文化共生的推动效应与示范作用。当代生活美学的出现是中国现代化经济发展的需求。美好生活的内涵是丰富的。享有物质富裕的生活、政治民主的生活、文化繁荣的生活、社会和谐的生活、生态美丽的生活、精神充实的生活是人民美好生活的应有之义。周瘦鹃在底蕴丰厚的江南文化的影响下，不仅在文艺创作上气象独显，而且在生活美学上也独具特色，拓建出名士生活与大众生活融合交汇的新路径，显现江南生活美学传统重返现代都市的可能。

本书主要通过对周瘦鹃的小说、散文、杂记、书信等作品及《申报》《良友画报》《北洋画报》《上海画报》《半月》《礼拜六》等报刊中相关资料的旁搜穷引，从社会背景、文化基因、社群生活、个体经历等视角探析周瘦鹃生活美学的历史渊源、形态变化和价值意蕴。由于文献纷繁庞杂，难免挂一漏万，且受能力所限，必有轻虑浅谋之处。因此，本书意在抛砖引玉，待后来者补全探深，为周瘦鹃研究增砖添瓦。

第一章 站在江南生活美学传统延长线上

何谓生活？李泽厚的定义是："一切既定的程序、结构、逻辑以及语言、思维都是从这个'合理性'的活生生的经验生活中涌现和产生出来的。"[1]美学是一种世俗人情、生活享受，"审美并不仅仅被视为是超日常的，它同样也是依循于我们的日常生活轨迹的"[2]。生活美学的概念众多。薛富兴认为："美学应当以大众现实美学现象为自己的理论出发点，以造福大众的现实生活为最后目的。换言之，大众现实生活既是其起点，也是其归宿。"[3]仪平策认为它是"将美的始源、根柢、存在、本质、价值、意义等直接安放于人类感性具体丰盈生动的日常生活世界之中的美学"[4]。刘悦笛认为"'生活美学'，不仅是一种关乎'审美生活'之学，而且更是一种追求'美好生活'的幸福之道"[5]，在一切事物都趋向于"审美化""文化化"乃至"博物馆化"的"美学物化"的走势下，强调审美与生活之间的本然关联成为大势所趋[6]。大致来说，生活美学分为两个层次：一是回到生活世界的"本体论美学"[7]；二是关于生活的美学，主要包括研究人类日常生活的衣食住行等方面的审美和艺术的美学，如服饰美学、饮食美学、建筑美学、休闲美学等。

"生活美学"是中西方同时兴起的美学思潮。英国诺丁汉特伦特大学（Nottingham Trent University）社会学与传播学教授迈克·费瑟斯通（M. Featherstong）最早提出"日常生活审美化"命题，审美活动是超出所谓纯艺术、文学的范围，渗透到大众的日常生活中的文化现象。研究者从不同视角开展生活美学研究。从宗教学角度切入的如马丁·路德、加尔文，从哲学角度切入的如胡塞尔、许茨、哈贝马斯、海德格尔、费瑟斯通、布尔迪厄、杰姆逊、韦尔施、丹尼尔·贝尔、德赛都等，从社会学角度切入的如马克思、恩格斯等，这些研究属于"本体论"普通美学。从人类日常生活的衣食住行等的审美和艺术角度开展美学研究，强调淡化艺术与"非艺

---

[1] 李泽厚：《历史本体论》，生活·读书·新知三联书店，2002，第34页。
[2] 刘悦笛：《今日西方"生活美学"的最新思潮：兼论中国美学如何融入全球对话》，《文艺争鸣》2013年第3期。
[3] 薛富兴：《生活美学：一种立足于大众文化立场的现实主义思考》，《文艺研究》2003年第3期。
[4] 仪平策：《生活美学：21世纪的新美学形态》，《文史哲》2003年第2期。
[5] 刘悦笛：《"生活美学"的学与道》，《中国社会科学报》2017年9月1日，第5版。
[6] 刘悦笛：《"生活美学"与当代中国艺术观》，《中国文化报》2012年8月21日，第3版。
[7] 刘悦笛：《"生活美学"：是什么与不是什么？》，《艺术评论》2011年第4期。

术"的边界,注重精英文化与大众文化的相互融合[1],正在成为趋势。刘悦笛致力于中国传统生活美学研究,将它归纳为十个层面,从首至尾,天气时移的"天之美"—鉴人貌态的"人之美"—地缘万物的"地之美"—饮馔品味的"食之美"—长物闲赏的"物之美"—幽居雅集的"居之美"—山水悠游的"游之美"—文人雅趣的"文之美"—修身养气的"德之美"—天命修道的"性之美"[2]。诚如刘悦笛所言,"生活美学"的建构在中国是深深植根于本土传统之上的一种美学新构[3]。把握生活美学理论与现实生活的联系,注重全球化背景下生活美学"本土性"的探掘,成为中国生活美学研究的未来趋势。当代江南文化研究成果集中于经济领域,较为忽视文化资源与文化发展,有些研究即使涉及文化层面,也偏重于介绍消费文化、时尚文化,忽视江南文化传统研究。[4]江南文化作为传统文化的重要组成部分,其蕴含的关于生活方式、生活习惯、生活做派的美学化思考与实践值得关注。

---

[1] 张静、赵伯飞:《生活美学的价值取向及其现实意义析论》,《理论导刊》2018年第5期。
[2] 刘悦笛:《"生活美学"的学与道》,《中国社会科学报》2017年9月1日,第5版。
[3] 刘悦笛:《从"美是生活"到"生活美学":当代中国美学发展的一条主流线索》,《广州大学学报》(社会科学版)2019年第5期。
[4] 刘士林:《文化江南的当代传承与开发》,《南通大学学报》(社会科学版)2012年第1期。

第一节　生活美学的源与流

审美思维总是潜藏在人类生活和审美文化的细枝末节中，并逐渐演变成族群的美学精神而在历史的演进中不断传承。江南生活美学从传统生活美学发源而来，要厘清江南文化传统，需先探明传统生活美学的沿革。中华优秀传统文化是中华民族的基因、民族文化的血脉和中华民族的精神命脉。生活美学是中华优秀传统文化的重要组成部分。生活美学产生于人们的劳动实践，伴随着生产劳作技术、工具的发展，物质生活水平的提高而逐渐成形。

生活先于美。先有生活，才慢慢有了美的意识的积淀。原始社会里，祖先们在恶劣的自然环境下与天、地、兽争斗，稍有不慎就会失去性命。生活和劳动、生产紧密联系，甚至还未分化出单独的生活概念，更不要说有一定的美学自觉了。随着生产力的逐渐发展，生存问题得到解决，审美才走进认知的舞台。夏商周时期，人们视自然为神，对自然充满敬畏与崇拜，他们的生活态度既体现日常性，也体现神圣性，如将收获、婚配等生活事物与对上天的神的崇拜相结合。生活美学与礼仪、巫术的联系体现了人们对生活日常性的疏离和对神秘世界的向往。这种充满神仙崇拜与自然恐惧的生活观念到春秋战国时期逐步转变，"对自然的崇拜"演化为"向自然的融入"。人们的生活态度变得轻灵、轻松、轻快，这可从疏朗舒缓的音乐、歌舞、绘画、雕镂、建筑文化等艺术形式的"近人而远神"的古典美学风格中看出来。如此，才有庄子这样的追求美、讲究天人合一、人与自然和谐生活的伟大文学家横空出世。重视人间、走向现实的生命力旺盛的生活美学在楚汉时期得到延续，在魏晋时期表现为对生活、生命存在价值，生活本质的深刻思考，出现了阮籍这样的纵情山水的逍遥派文人和陶渊明这样的极度向往并主张重返自然与田园生活的田野派文人。士大夫文人不仅有艺,而且有道[1],借助更重形式美学的生活情趣、生活方式在生活美学的历史舞台上风雅登场。

魏晋以后,虽然社会环境比较动荡,但已然有了一定的物质基础和生活条件,从士大夫阶层退隐下来的文人的生活水平还是有所保障的,是以生活美学徐徐渗入文学创作中。体现文人主体性的文人田园生活方式的四个构成因素"文人生活方式的物质基础、心态调适策略、社会价值实现方式和交友休闲方式",至唐以前全部产生[2]。唐宋时期是文人生活美学发展的成熟期。唐代经济一时繁盛,生活条件极大改善,生活休闲样式丰富多彩,抬高了文人生活美学的艺术品位,"意境美学"成为生活美学的典型特点,开启并促成一种以"自然、含蓄为艺术最高境界的审美观"[3]。宋代的社会文化环境特征是"艰困忧患和繁荣辉煌是交错并存的,在这种整体氛围中,包括士人群体构成的多元,生活内容的多元,思想意识的多元,艺术品味的多元"[4]。文人士大夫阶层全面崛起。他们通过交游唱和形成文人文化圈,在文化版图上奠定话语体系,"一方面以风雅名士的身份自矜,另一方面,却难以掩饰对世俗享乐生活的渴望,于是,他们游刃有余地从容地游走于雅与俗、公与私、仕与隐、行与藏之间,呈现出较之其他时代士人更为绚烂多彩的生活百态"[5],他们在读书、科举、仕宦、创作的生活中展现出一体多面、雅俗相依的文化性格,生活美学出现了重视山水、自然、花鸟的转向和倡导自然、追求风雅、注重心性的审美特质,表达出超然物外的生活审美境界和自在生命的本真生活境界。著名美学家李泽厚分析北宋时期山水画时借此总结了彼时文人的生活风神和人生理想:"整体自然与人生的牧歌式的亲切关系,好像真是'可游、可居'在其中似的。"[6]士人普遍表现出避世心态与对物质文化方面的浓厚迷恋色彩,形成物质性与避世性的人格倾向。

晚明时期,社会的城市文化和商品经济有一定的发展,但朝廷处于停滞不前的状态,同时受到王阳明心学、庄子、魏晋风度、禅宗思想的影

---

[1] 李振纲:《中国古代文人的生活情趣(一)》,《社会科学论坛》1999 年第 2 期。
[2] 陈詠红:《唐前文人田园生活方式形成的四因素》,《学术研究》2015 年第 7 期。
[3] 周春宇:《禅宗哲学与唐宋心境美学》,《青海社会科学》1997 年第 1 期。
[4] 邓小南:《大俗大雅:宋代文人生活一瞥》,《文汇报》2016 年 3 月 18 日,第 W05 版。
[5] 宋秋敏:《论宋词与宋代文人的"生活艺术"》,《宁夏师范学院学报》2017 年第 2 期。
[6] 李泽厚:《美的历程:插图本》,广西师范大学出版社,2001,第 233 页。

响，文人士大夫们从关注仕途发展转向追求自我日常生活情趣，奉行类似快乐主义的"贵舒意"生活观。[1]归有光的《项脊轩志》中对家庭生活的朴实记忆成了时人将日常生活而非入仕为官作为人生理想的集体性的生活美学范型。伴随着现代意义的城市成型，文人生活出现从诗性向"世俗性"的转变，这种生活以城市为依托、以市场为支撑，有时甚至走向庸俗、低级、浅薄的趣味，"注重的是自己的享乐，追寻个体生命价值的实现，而相应淡化了身上的道德责任感"[2]。荷兰研究者伊维德（Wilt L. Idema）认为晚明时期江南文人的休闲和享受的生活方式，在江南经济发达的环境下于"整个16世纪江南地区见证了经济的持续增长"[3]，凸显欲望诱惑的玩乐生活包含了对摆脱传统血缘、地缘控制的走向自由的城市空间的个人的重视和丰富世俗趣味的追求。

"赏"这一范畴的审美意义在魏晋南北朝就已确立，到了明清时期走向发达，更加注重趣味的"形而上"的审美提升。文人出于性灵作诗赋文，重生活情趣。明袁宏道倡导清赏人生，周瘦鹃也是如此（图3）。《瓶史·清赏》云：夫赏花有地有时，不得其时而漫然命客，皆为唐突。寒花宜初雪，宜雪霁，宜新月，宜暖房。温花宜晴日，宜轻寒，宜华堂。暑花宜雨后，宜快风，宜佳木荫，宜竹下，宜水阁。凉花宜爽月，宜夕阳，宜空阶，宜苔径，宜

图3　周瘦鹃书画《迎新清供》

---

[1]　袁进东、夏岚：《晚明文人生活观与伊壁鸠鲁快乐主义比较及当代价值》，《江西社会科学》2019年第9期。
[2]　赵洪涛：《明末清初江南士人的生活美学》，《深圳大学学报》（人文社会科学版）2015年第6期。
[3]　伊维德：《"玩腻了的文人"：吕天成与万历晚期江南精英的生活方式》，杨权译，《文化遗产》2016年第6期。

古藤巉石边。若不论风日，不择佳地，神气散缓，了不相属，此与妓舍酒馆中花何异哉？

明清"闲赏"对象的生活世俗化，导致审美范式上的相应转变：即从传统重神轻形的道德人格审美转向于对象感官形式中实现趣味由官能向形而上的提升，即雅趣的实现，具有现代意义之审美性。苏状对此有过比较详细的阐释："明清文人'闲赏'并非只沉溺于对象形式的感官趣味中，而是要追求一种雅趣。所谓的雅趣是一种'以俗为雅'的审美提升。具体表现为：一方面是审美主体自在自然的世俗生活之趣，如上述对世俗生活之物、人的自然关注与喜爱，同时，又将这种自在世俗之趣实现一种'古雅'情怀，一种浸润着传统文人人格审美经验中超越因素的清雅之趣。"[1]情调生活登堂入室成为文人生活美学主旋律。从魏晋时期到明清时期文人的生活美学经历从神到人、从神圣到世俗、从热烈到沉静的精神意蕴的演化和从士大夫到市井市民化的人格主体的转变。生活美学的进步与时代的前进、文化的发展与"人"的个体价值发扬浑然一体。生活美学是古代文人的文艺创作的题材宝库与灵感泉源，一代又一代的文人们也通过生活体验、经验与文艺创作的水乳交融和扬清厉俗，不断塑造与传播新的生活美学传统。

晚明至清代，江南一带的文人生活美学成果最为丰硕，是整个中国文人生活美学的缩影和代表。为何是江南而非其他区域？ 概之有四点。其一，江南经济尤为发达，提供了日常生活所需之物质前提与条件，如精致的生活需要的用品之齐备莫不与发达的经济条件相关。其二，江南技艺尤为发达，为生活用具、用品之精美提供技术支撑，从侧面也可看出江南艺术底蕴之丰厚。其三，江南文化极为繁盛，出现了一批有足够物质条件过上精致生活，过上美学化生活和传播生活美学的文人。生活美学在江南广泛深入文人群体并蔚然成风。其四，江南文化休闲活动之丰盛，曲艺如昆曲引领一时风气之先，成为上至文人下至草根都流行的文化艺术。江南一地生活美学的核心特质是雅俗交融共赏。 高雅和通俗不仅共存于小说等文艺创作之中，而且表现于日常生活中俗中有雅、以雅入俗的交融。江南文人的生活美学作为江南文化的重要组成部分，不仅展现江南文人的独特精

---

[1] 苏状：《"闲赏"范畴与明清文人的审美生活》，《北方论丛》2007年第5期。

神价值，而且为他们的文艺创作提供源源不断的丰富题材和表现对象。江南生活美学高峰产生于明清时期。江南一地长期安定，百姓富庶。自古以来，江南地区就以经济、教育和文化的发达著称于世，在古代中国文明中创造了高度发达的文明生活方式与独具个性的区域文化传统。明清时期，伴随着资本主义萌芽与现代意义上城市的成型，近代意义上的市井文化和市民文化逐渐成熟，江南一地在明清时期最为繁华，也萌生了最早的资本主义，因而这一时期明清江南的生活美学领全国之先，为全国之范。

　　明清时期，江南一地的文人的生活美学积淀最为丰足。范金民对江南在全国经济地位中的重要性作出如下勾画：基础坚实的农业生产；手工业加工业生产发达、制造技艺高超，生产关系先进；货畅其流的商品流通；城乡互相支撑、城镇发展一体化；推崇精品、名品、驰名商品，引领潮流；拥有广阔深厚商品生产基地，以上这种种特点使得江南成为明清时期经济最为发达之区，同时也铺垫出江南文化的深远影响。[1]更多文人将关注力置于游玩把赏上，较少关注民生艰苦。同为江南区域的赣鄱地区文人受战乱影响，表现出吊古伤今、哀民之艰的情怀。战乱频发地区的文人抱有家国情怀，民生富庶地区的文人富有玩赏情调，可见景观风貌深刻影响了文人生活美学形态。

---

[1] 罗婧：《江南文化与文化江南》，《文汇学人》2014年9月1日，第11版。

第二节　诗性的鹃式生活

1924 年，北京大学"审美学社"成立，提倡日常生活审美化。20 世纪 30 年代，周作人、张竞生等人提出"生活艺术化"观点。美学家朱光潜专门论述过"人生艺术化"问题："人生本来就是一种较广义的艺术。每个人的生命史就是他自己的作品。"[1]周作人不仅把唯美主义当作艺术理想，更付之于"生活之艺术"的实践："我们看夕阳，看秋河，看花，听雨，闻香，喝不求解渴的酒，吃不求饱的点心，都是生活上必要的——虽然是无用的装点，而且是愈精炼愈好。"[2]当前对民国时期生活百态的研究对象主要集中于"农民""车夫""市民""教师""煤矿工人"等群体上，对文人生活的研究主要关注他们借助现代传媒机制谋生求存的生活状态，谢力哲、王鸣剑讨论了出版经济与左翼作家作品的"接轨"现象[3]和抗战时期重庆作家的写稿生活[4]。李肆分析了职业作家鲁迅的市民化现象。[5]王中忱认为作家间的交往成为推动文学思潮、写作风气变化的生产性因素。[6]这些研究提示了作家个人生活与作家文学创作的互文关系。研究者将目光更多地投向"五四作家"、精英艺术家的生活，黄群英、刘毓恒分析了"五四作家"在日常生活中展现出的引领时代、勇于尝试、坚持斗争、坚持自由的精神。[7]定居、生活与工作于江南一地的鸳鸯蝴蝶派作家

---

[1]　朱光潜：《朱光潜全集》第 2 卷，安徽教育出版社，1987，第 91 页。
[2]　周作人：《北京的茶食》，载钱理群编《周作人散文精编》，浙江文艺出版社，1994，第 238 页。
[3]　谢力哲：《民国出版经济与左翼作家作品的生存空间和生存机制：以 1930 年代赵家璧的编辑出版活动为例》，《西南交通大学学报》（社会科学版）2018 年第 6 期。
[4]　王鸣剑：《抗战时期重庆作家物质生存状态研究》，《西部学刊》2014 年第 2 期。
[5]　李肆：《鲁迅在上海的收支与日常生活：兼论职业作家市民化》，《书屋》2001 年第 5 期。
[6]　王中忱：《作家生活史与文学史的交集：从几封作家书简谈起》，《中国现代文学研究丛刊》2004 年第 4 期。
[7]　黄群英、刘毓恒：《民国文人乱世中的精神追求》，《文学教育》2012 年第 10 期。

衔接现代和传统的"文学价值"已成共识，但他们贯串明清江南士子生活美学传统与当代市民市井生活的"生活价值"却未获足够关注。其中，周瘦鹃的生活美学当属遗珠之列。

周瘦鹃生活美学不仅外在表现为生活实践，而且内在表现为与其文学创作理念相通的美学思想观念与审美实践活动，"是感觉、感情、感想的系统化、理性化、形式化、外化、物化的产物而已，是这个生活流程生命体验的部分结晶而已"[1]。如果用一词概括周瘦鹃生活美学，笔者觉得是诗性。法国哲学家、社会思想家福柯（Michel Foucault）说过："生活本身就是艺术创造的基础、温床和基本表现；唯有把生活本身当成艺术艺术创造和审美的过程，才能彻底领悟生活的意义。"[2] 超越实用性的物质文明与精神文明的审美创造与诗性气质是江南文化在中国区域文化中最独特的内容。[3]

江南文化诗性表现为精细雅致、温婉多情、细腻浪漫的文化气质。这种特质折射于诸如园林、民居、饮食、陶瓷、刺绣、文学、艺术等各个领域[4]，因此又与把玩闲赏、修身养性的生活方式紧密相关。江南经济环境舒适，文人玩赏无所不用其极，体现出"刻意疏离、抗拒'世俗世界'的士人的生命情调"[5]。王士性在《广志绎》中记道：斋头清玩、几案、床榻，近皆以紫檀、花梨为尚，尚古朴不尚雕镂，即物有雕镂，亦皆商、周、秦、汉之式，海内僻远皆效尤之，此亦嘉、隆、万三朝为盛。至于寸竹片石摩弄成物，动辄千文百缗，如陆子冈之玉，马小官之扇，赵良璧之锻，得者竞赛，咸不论钱，几成物妖，亦为俗蠹。

这种骨子里的悠闲把玩心态是江南以外地区文人难以感同身受的，是江南生活之雅的体现。

明朝以来有"物的崛起"的传统，"物的崛起"在日常生活层面呈现为物质性的凸显与蔓延，即从日用物品的数量上而言表现为"挥霍"，从其质量而言，体现为精致；而此种挥霍与精致交互作用下的物质生活，则将人

---

[1] 杨岚：《从〈闲情偶寄〉看中国传统日常生活审美中的文人情趣》，《美与时代》2010年第7期。
[2] 高宣扬：《福柯的生存美学》，中国人民大学出版社，2005，第19页。
[3] 刘士林：《江南审美文化的现代性价值》，《洛阳师范学院学报》2007年第1期。
[4] 庄若江：《凸显江南文化优秀的精神特质》，《中国社会科学报》2019年2月1日，第5版。
[5] 曾婷婷：《论晚明"闲赏"生活美学意境的营构》，《南昌航空大学学报》（社会科学版）2013年第1期。

们的才情、思致与机巧导向如何营构赏心悦目的日常生活情境上来，由此引发了情感、审美和精神体验从传统艺术领域向日常生活尤其是物质生活领域的拓展与迁移。[1]"物的崛起"是雅文化的折射，明清间文人所建构起来的"雅"的社会文化，可以说就是在闲隐的生活理念上，架构出离异于世俗的生活意境，进而在其中填充各种"长物"，再以此"长物"为感官对象，与之展开亲密的互动，由此开展出丰富的生活内涵。[2]江南士子对古董彝器、文房清玩、法书名画、古琴旧砚的热情和服饰、家居、日常器用等的审美化、优雅化，体现了生活艺术化，也就是诗性。[3]赵希鹄在《洞天清录》序言中这样安排"诗性"生活的要素：明窗净几，罗列布置，篆香居中，佳客玉立相映，时取古人妙迹，以观鸟篆蜗书、奇峰远水，摩挲钟鼎，亲见商周。[4]周瘦鹃对"长物"的收藏癖好体现的正是江南文人诗性的生活美学。他喜欢收藏陶盆，抗战时期在上海搜罗了不少古花盆，以致在当地古董市场"薄负微名"，如1943年5月19日去护龙街的兴古斋，从老板华仲琪处购得古盆若干，其中六角形小瓷盆、海棠形小瓷盆若干，"无足奇"，只是上面的彩绘松菊图案比较好看，他更喜欢"豆青瓷五福杯"。[5]周瘦鹃手头约有不下百数的古盆，其中有明代的铁砂盆，清代萧韶明、杨彭年、陈文卿、陈用卿、爱闲老人、钱炳文、陈文居、子林诸名家的作品，均被视为"传家之宝"。[6]周瘦鹃恋壶如子，每得佳品，常常喜不自胜，舞之蹈之。他为收藏的宜兴茶壶写诗："英台遗迹认依稀，莫管他人说是非。难得情痴痴到死，化为蝴蝶也双飞。碧鲜庵里诗书堂，佳话争传祝与梁。遮莫相思红泪落，年年岩壁发秋棠。"当代小说家陆文夫受到周瘦鹃影响，"对紫砂盆和紫砂茶壶特有兴趣"[7]。周瘦鹃还收藏了不少其他物件，如檀香扇。他请梅兰芳在上面画芭蕉碧桃图，袁寒云

---

[1] 赵强、王确：《"物"的崛起：晚明社会的生活转型》，《史林》2013年第5期。
[2] 王鸿泰：《闲情雅致：明清间文人的生活经营与品赏文化》，《故宫学术季刊》2004年第1期。
[3] 赵强、王确：《说"清福"：关于晚明士人生活美学的考察》，《清华大学学报》（哲学社会科学版）2014年第4期。
[4] 赵希鹄等：《洞天清录（外二种）》，浙江人民美术出版社，2016，第3页。
[5] 瘦鹃：《紫兰小筑九日记》，《紫罗兰》1943年第4期。
[6] 周瘦鹃：《杨彭年手制的花盆》，载范伯群主编《周瘦鹃文集：散文卷》，文汇出版社，2011，第178页。
[7] 高建国：《陆文夫与茶》，《江苏地方志》2014年第5期。

题七绝,陈定山题28字庆祝抗战胜利。

周瘦鹃喝茶也追求优雅、宁静、舒适的诗性享受。入夏时分,他喜欢喝碧螺春。彼时天气微热,正好喝新碧螺春消热,"每年入夏以后,总得尝新一下;沸水一泡,就有白色的茸毛浮起,叶多蜷曲,作嫩碧色,上口时清香扑鼻,回味也十分隽永,如嚼橄榄"[1]。周瘦鹃喜欢以茶待友,有一次请了五位客,连自己一共六人。一只小圆桌上放着六只像酒盅般大的小茶杯和一把小茶壶,每人正好一只茶杯,壶中满满的放了茶叶,据说就是水仙,茶之清香喻友情之淡雅绵长,泡茶者气定神闲,喝茶者心领神会。白地青花瓷质的茶具将缥缈不可捉摸的茶香实体化了,"瓦铛水沸之后,就斟在茶壶里,随即在六只小茶杯里各斟一些些,如此轮流的斟了几遍,才斟满了一杯"[2],众人仿佛将虚幻的至美之境牢牢掌握在手里,饮茶生活成了触觉、嗅觉、听觉、视觉、味觉及想象力共同参与的审美享受。茶具之用与礼制有着紧密的联系,因此茶杯和茶壶的质地及沸烫杯壶都成为品茶不可忽视的重要环节。热壶有助挥发茶香,水仙茶茶叶愈嫩绿,冲泡水温愈低,这样茶汤才会保持滋味爽口,否则就会把茶叶"烫熟"了。在小茶杯里来回斟酌几遍,就能降低水温,保证茶的活性。周瘦鹃继承"以器启道"的中国古代器物美学思想,奉"人法地,地法天,天法道,道法自然"为准则,以求美的心灵、智慧的大脑与勤劳的双手创造出平凡与精美兼具的生活方式,体现出晚明以来文人就奉行的类似快乐主义的"贵舒意"生活观,"核心是偏向自我的生命价值观取向以及寻求符合心意欲求的自足感"[3]。

周瘦鹃不仅是小说家,而且是书画收藏家。苏

图4 周瘦鹃手迹

---

[1] 周瘦鹃:《洞庭碧螺春》,载范伯群主编《周瘦鹃文集:散文卷》,文汇出版社,2011,第360页。

[2] 周瘦鹃:《茶话》,载范伯群主编《周瘦鹃文集:散文卷》,文汇出版社,2011,第111页。

[3] 袁进东、夏岚:《晚明文人生活观与伊壁鸠鲁快乐主义比较及当代价值》,《江西社会科学》2019年第9期。

州博物馆曾展出周瘦鹃捐赠的名人书画。美国拍卖网Artnet上查到从2010年到2021年周瘦鹃的书画作品（图4）一直在进行拍卖（表1）。其中2010年1件（次），2011年3件（次），2012年5件（次），2013年1件（次），2014年3件（次），2015年9件（次），2016年3件（次），2017年4件（次），2018年1件（次），2021年2件（次）。用件（次）来计量的原因是有些作品流拍和重拍。其中1副行书在2010年12月16日拍卖流拍，后在2011年4月29日拍卖成功。这些凸显了文人情趣和书卷气的书画作品得到了海外市场的认可。

表1 Artnet上拍卖的周瘦鹃书画作品

书画作品名称	作品形式	拍卖日期	拍卖结果
山茶古柏图	画	2021年7月24日	已拍
行书七言联"幽抱清名侣怀月精言高论能涌泉"	对联、水墨纸本	2021年7月19日	已拍
行书非花临水		2018年1月13日	再拍结束
行楷龙门对	立轴、水墨纸本	2017年10月18日	已拍
草书少游词		2017年6月4日	已拍
行书非花临水		2017年6月4日	流拍
楷书撷芬室		2017年4月20日	已拍
行书七言联"屏间北苑春山画架上南华秋水篇"	对联	2016年12月22日	再拍结束
楷书三十言		2016年6月28日	已拍
行书七言联"寄怀楚水吴山外得意唐诗晋帖间"	对联	2016年5月16日	已拍
书联"城郭春风西亭外 山村狭巷依然情"	立轴、水墨纸本	2015年8月2日	已拍
隶书		2015年12月20日	已拍
楷书七言联"南宫书画收藏富北海尊罍茗□多"	对联、纸本	2015年6月29日	已拍
楷书七言联"□掌覆茶闺课雅然脂写韵艳情多"	对联	2015年12月26日	已拍
行书七言联"琼林花草闻前雅□□溪山指后期"	对联、纸本	2015年4月2日	已拍

续表

书画作品名称	作品形式	拍卖日期	拍卖结果
行书十二言联"会德如耳鸣只有己知人不绝　潜修在心得何须师训友相规"		2015年7月5日	已拍
行书七言联"万里风云三尺剑　一□花草半床书"	对联	2015年11月15日	已拍
行书	镜片、纸本	2015年12月10日	已拍
行书当当亭	镜片、纸本	2015年10月25日	已拍
行书七言联"屏间北苑春山画　架上南华秋水篇"	对联	2014年12月11日	流拍
墨梅		2014年4月13日	已拍
行书七言联"屏间北苑春山画　架上南华秋水篇"	对联	2014年3月22日	已拍
行书七言联"屏间北苑春山画　架上南华秋水篇"	对联	2013年7月13日	流拍
行书七言联"屏间北苑春山画　架上南华秋水篇"	对联	2012年12月27日	流拍
楷书七言联"书□郑图嗤争鹿　字写□□枉换鹅"	对联	2012年12月6日	已拍
行书七言联"屏间北苑春山画　架上南华秋水篇"	对联	2012年11月30日	流拍
行书七言联"屏间北苑春山画　架上南华秋水篇"	对联	2012年8月18日	流拍
行书五言联"风云三尺剑　花鸟一床书"	对联	2012年7月5日	已拍
行书七言联"梅□□碧将军□　水木清华仆射待"	对联	2011年12月30日	已拍
书法中堂		2011年12月6日	已拍
行书七言联"眉宇之间见风雅　谈笑□□殊□科"	对联	2011年4月29日	再拍结束
行书七言联"眉宇之间见风雅　谈笑□□殊□科"	对联	2010年12月16日	流拍

周瘦鹃的诗性继承了江南文人"重性情、尚自适、喜奇趣、好浅俗"[1]的传统,然而他的诗性绝非迂腐浅陋的,而是变通圆融的。他不拘泥于固定事物,而是求新求变。在职业状态上,他积极适应新的媒介形式,开展市民大众文学的探索;在交往状态上,他对人宽容,不斤斤计较,"老好人"一个;在生活状态上,他对高雅生活情有独钟,却也乐意接受西式生活。在生活上慕求雅致,在创作上走向大众,用世俗文学支撑风雅生活,如此贯通雅俗的特质尽显江南文化之圆融魅力。

[1] 杨旭红:《苏州文人的"诗化生活"与诗歌新变:以明中后期唐寅、王稚登、冯梦龙为中心》,硕士学位论文,上海师范大学,2013。

第三节　生活美学的高雅派

范伯群从现代文学史的完整性上提出"雅俗融合"之观点,"新文学的主流作家以'为人生'与'中国向何处去'等探求为己任;而通俗作家则侧重于为'乡民市民化'等现代化工程贡献自己的力量。他们各有自己侧重的读者群体,形成了各得其所的'互补'局面"[1]。若将此观点引入生活领域,我们亦会得出如此结论:生活之雅俗分界也很难。文学和生活领域都存在雅俗融合的现象。生活之雅俗融合是文学之雅俗融合的前提。鸳鸯蝴蝶派在文学创作上走向通俗,但在日常生活上都追求风雅。因此从生活之雅俗融合来看,鸳鸯蝴蝶派完全可算"高雅派"。风雅生活与家学渊源、地域文化、世家遗存等诸多因素有关。在民国时期风雅文化消退,市井生活接替风雅

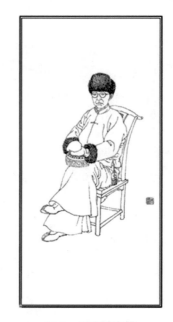

图 5　周瘦鹃素描

生活的背景下,鸳鸯蝴蝶派对古代文人的风雅生活美学的继承是有积极意义的。以周瘦鹃(图 5)为代表的鸳鸯蝴蝶派的志同道合,不仅表现于文学作品的自成一派,而且表现于生活态度、美学经验、生命旨趣的共性化特色上,按照刘悦笛对"生活艺术家"的界定"始终积极地向感性的生活世界开放,善于使用艺术家的技法来应对生活,从而将审美观照、审美参与、审美创生综合起来以完善生活经验"[2],他们是当之无愧的生活艺

---

[1] 范伯群:《1921—1923:中国雅俗文坛的"分道扬镳"与"各得其所"》,《文学评论》2009 年第 5 期。
[2] 刘悦笛:《"生活美学"的学与道》,《中国社会科学报》2017 年 9 月 1 日,第 5 版。

术家。

周瘦鹃和其他鸳鸯蝴蝶派作家大多生活于共同的江南区域,不少人更是生于苏州,共同的出生环境和文化传统酿就共性化的风雅生活理念。风雅一词源自《诗经》。取《诗经》为文学诗词之源与经典之意,后世多用"风雅"泛指诗文方面的事。鸳鸯蝴蝶派的"生活风雅"指他们在文学艺术上的"文雅""儒雅"使得他们的举止、言谈与交往具有了艺术的特征,形成了从容生活和淡泊处世的价值理念,正如郑逸梅谦虚自称:"虽不敢谈到风雅,但却自认没有俗骨。"[1]文学性深深铸入他们的生活肌理中的明显表现就是写诗作画成为他们主要的娱乐方式,如有一次,星社社友们在"天来福"菜馆聚餐,美味佳肴,文人兴会,雅兴不浅。于是有人提议拟一"天来福"的嵌字联,化俗为雅。蒋吟秋当场伸纸走笔写了一幅七言:"天然清福诗书画,邈兮高风归去来。"[2]这种吟诗作对的交往是生活常态,他们生活在繁杂琐碎的红尘中,却以风雅为帆划向了超越世俗趣味的精神高地。

他们的花草爱好、器物收藏本质上也是一种文学审美的物化表现。周瘦鹃爱花,"'靡靡之道'全部寄托在了花草之上"[3]。与周瘦鹃类似,郑逸梅也迷恋花木之美,"予为衣食谋,走尘抗俗,幽之不能,何韵之有,然视花若命,闻有名种,则不惮舟车之劳,寒暑之酷,而以一领其色香为乐"[4]。程小青同样对花木情有独钟,曾作七绝咏叹:"栽得名花四季春,嫣红姹紫总多情。小园日涉备成趣,一片才凋一片新。"[5]"时重订看花约,置酒花前共细斟"是他们共同的理想。他们还不约而同地用诗情画意的设计将日常生活审美化,这从写作用的笔的精巧就能略窥一二。程小青写作专用精美小巧的"小青便笺"。范烟桥用的信笺有红色方框,旁加"鸱夷室用笺"五字。姚赓夔所用之笺上有小锌版制夔形图画及"曼云室主人用笺"等字,为胡亚光画师的手笔,用紫色墨水印成。[6]此外,他们还有着同样的收藏癖好。赵眠云收藏各色扇子数几百柄。1928年83期《联

---

[1] 纸帐铜瓶室主:《自说自话》,《永安月刊》1949年第116期。
[2] 郑逸梅:《味灯漫笔》,古吴轩出版社,1999,第45页。
[3] 夏虫:《花草的寄托:评周瘦鹃〈莳花志〉》,《河北日报》2020年1月17日,第011版。
[4] 郑逸梅:《记静思庐之昙花》,《永安月刊》1942年第40期。
[5] 郑逸梅:《味灯漫笔》,古吴轩出版社,1999,第19页。
[6] 明道:《香笺琐语》,《红玫瑰》1925年第11期。

益之友》旬刊，赵眠云写《焚扇记》：自收集至今，约计不下五百罗汉之数。郑逸梅亦有集藏癖，"我有集藏癖：一、名人尺牍，以清末民初为多，间有若干通是明末清初的，我兼收并蓄着，甚至时人的手札，也都搜罗，除掉钢笔写的不留。二、折扇，约一百多柄，都是配着时人书画，装上扇骨的，每岁从用扇子起，至废扇止，每天换一柄，不致重复。三、册叶，有书有画，但画难请教，因此书多画少，书占十分之八，画占十分之二。其他如印章咧，名刺咧，古泉咧，稀币咧，我都贪多务得，实在生活太苦闷，无非借此排遣而已。"[1]刘勰言：文之思也，其神远矣。故寂然凝虑，思接千载。这些收藏的器物不但以其形色独具的外观美化了生活环境，而且以其凝思激发的特质净化了心灵环境。这些在类型、风格、旨趣上彰显出强烈的"文学性"的器物净化与培育出的自然也是审美旨趣上极为仿似的心灵景观。

与他们的市民大众文学作品追求通俗、拥抱市井的特质相一致，他们对风雅生活的追求与对世俗化生活的投入并不抵牾，诗意与烟火味同时弥散在他们的生活世界中。流连食肆间、感受世俗生活洗礼是他们的生活常态。他们在饮食中体现出"随性"和"执意"的双重特质。

"随性"指什么样的饮食都去品尝，不求一律。彼时上海的饮食业极度繁荣，周瘦鹃生活与工作于旅客云集、饭馆林立、酒肆纵横的闹市，餐饮聚会颇多，吃惯、见惯了各式饮食，"人脉广，饭局超多。有的请他，当他是记者，不无公关之意。老饕也当仁不让，无论中菜西餐，对沪上饭馆之林、各路厨艺一一点评。在中国，饭桌是一大公共空间，尽管风卷云残、杯盘狼藉之后各走各路。入席者多为场面上人物，不管新派旧派，也常有圆桌而坐的"[2]。周瘦鹃也自况道："人生多烦恼，劳劳终日，无可乐者。愚生而多感，几不知天下有乐事，所引以为乐者，吃耳。"[3]他在主编的《紫罗兰》"紫兰花片"专号中刊载了多篇美食散文，并配编者按："民以食为天，这原是我们生存条件上第一要著。"[4]与周瘦鹃相仿，其他鸳鸯蝴蝶派成员也多为美食家。范烟桥在报刊开过美食专栏，曾借唐代

---

[1] 纸帐铜瓶室主：《自说自话》，《永安月刊》1949年第116期。
[2] 陈建华：《〈礼拜六的晚上〉序》，《书屋》2009年第4期。
[3] 瘦鹃：《吃看并记（二）》，《上海画报》1927年11月18日，第3版。
[4] 瘦鹃：《写在紫罗兰前头（九）》，《紫罗兰》1944年第17期。

诗人"苏味道"之名为笔名。

"执意"指对某些地方的饮食和饮食的烧法有着偏执的爱好。他们不拒绝尝试任何食物，但内心中仍为某一类食物留下了专属空间。如他们对苏州小吃情有独钟。苏州小吃并不奢华，也不讲究排场，质地新鲜，软糯清香，原汁原味，不时不食。程瞻庐在《吴侬趣谈》有这样的记载：近数年中，苏州风行一种油煎猪肉，名曰排骨。骨多肉少，每块售铜元五六枚，前此所未有也。一入玄妙观，排骨之摊，所在皆是。甚至茶坊酒肆，亦有提篮唤卖排骨，见者辄曰："阿要买排骨？"包天笑在《衣食住行的百年变迁》中说：苏州城市人家，所云一日三餐者，大都以粥饭分配之。晨餐是吃粥的，从不吃饭，如不煮粥，则吃点心。说到点心，那是多了，有面条、有汤包、有馄饨、有烧卖，有一切糕饼之类。这种一碗一碟一菜的小吃与他们的为人为文都是对应的。小吃之淡雅，与他们淡泊名利，不喜与人较辩的性格对应；小吃之轻松，"请你随意入座，至于下一级的，则有大饼、油条、白粥、糍团等等，各有摊位，听凭取食"[1]，与他们追求生活之情调的美学趣味相对应。范烟桥和周瘦鹃一样喜饮苏州的碧螺春。[2]郑逸梅是一名常去茶楼喝茶的老茶客，他眼里的苏州茶客很好地体现出了苏州人小富即安、乐天知命、安逸享受的性格，"苏州人真会享福，只要有了些小家私，无论什么事都不想做。他们平常的消遣，就是吃茶"，苏州人对事业并无太大野心，但喝茶上却极为讲究，比如喝茶不能随随便便在哪个声浪嘈杂的茶摊上打发了事，而是要在茶楼里定定心心喝。茶楼的设计与名称都要有美学的意味，如茶居分方厅、四面厅，茶楼取名为爱竹居、话雨楼、听雨山房。[3]只有茶景之清雅、茶境之幽静、茶器之精美、茶香之芬馥都符合了他们的审美要求，才算喝上了地道的茶。郑逸梅笔下的苏州茶客其实也正是他们自己的化身。他们表面是海派的，骨子里仍是苏州的，对苏州饮食的共性化爱好深深嵌入到他们的生活美学中。

长期的文化熏陶和文艺实践最终凝塑成稳定的诗意化的生活方式。这种生活方式不会因为世事多艰、环境突变而消失，反而会成为个体抵御动

---

[1] 包天笑：《衣食住行的百年变迁》，政协苏州市委员会文史编辑室编印，1974，第 13-14 页。
[2] 张永久：《断肠人在天涯：为范烟桥自定年谱〈驹光留影录〉补白》，《书屋》2010 年第 3 期。
[3] 郑逸梅：《苏州的茶居》，《金刚钻》1934 年第 9 期。

荡环境、制造希望、化解焦虑的调节手段。程小青和周瘦鹃在1937年"八一三"事变爆发后前往安徽南屏村避难的路上，在大松林中砍柴生火，烧水煮茶。周瘦鹃作诗道："雪干常栖凤，云根自蛰蛟，腾拿夭矫上层霄。大泽风来谡谡，万壑起松涛。丹果如丹荔，翠针似翠毛，检来并作一筐挑。好去煎茶，好去当香烧，好去鸭炉添火，玉斝暖芳醪。"[1]程小青作诗道："滞迹山村壮志无，米盐琐屑苦如茶。添薪为惜闲钱买，自执镰刀学采苏。"[2]荒野煮茶，看似不和谐的反差，却让饮茶有了更为丰富的美学意味。他们以茶为言，表达了自己不让动荡的时局打乱优雅生活的节奏的意志，这是一种文人的风骨之美。本该在书斋里袅娜升腾的茶香现在被荒野的山风吹乱，茶香使山野变得亲近，山野使茶香变得丰富，山气与茶香的混溶产生了更能洗心涤性的品茶之美。匆忙仓促的逃难之路反而成了一条气定神闲的美学之路。

鸳鸯蝴蝶派的生活美学在更广泛的社交圈层中获得了共鸣。著名京剧艺术家梅兰芳工于书法、长于诗词，与周瘦鹃、包天笑等人在文学观念、艺术见解上声息相通。平日里周瘦鹃喜爱种花莳草，梅兰芳亦嗜好牵牛花，他用科学育种的方法培育出各色牵牛花的掌故最为圈中人所津津乐道。[3]周瘦鹃与包天笑生于传统文化环境，皆钟情传统戏曲，梅兰芳的戏曲表演洒脱出神，令他们心系魂牵。梅兰芳与他们的结识与他们的职业身份有所关联。彼时的报馆既是消息集聚地，也是名流来往处，他们借趁地利之便结识了不少前来拜访的名流。1913年，梅兰芳第一次到上海演出，因曾到包天笑任职的时报馆拜会狄平子而结识。由于报馆与舞台一样都是名流阶层社会交往不可或缺的平台，因此报人与艺人具有身份对等性、旨趣相通性、交往互惠性。1928年12月23日，新建成的大光明大戏院正式开幕，梅兰芳及包天笑、严独鹤等名流参加揭幕，梅先生主持开幕典礼并揭幕，周瘦鹃致开幕辞，可见他们在世人眼中属于同一等级的名流。他们的交往既有私人性，也有公共性。他们利用报人职业特性为梅兰芳广作宣传，也借梅兰芳声名为自己的杂志增彩。包天笑主编的《小说大观》就插入了梅兰芳的照片。周瘦鹃主编的《紫罗兰》第二卷前期（1926年初出

---

[1] 周瘦鹃：《采薪》，载范伯群主编《周瘦鹃文集：散文卷》，文汇出版社，2011，第85页。
[2] 同上。
[3] 周南：《回忆祖父周瘦鹃》，《新民周刊》2016年第1期。

版）封面多由梅兰芳题写，他主编的其他杂志也常以梅兰芳的戏装照片作为插图。包天笑在小说《留芳记》"缘起"中盛赞梅兰芳：会走京师，获交梅畹华君，美艺冠于当时，声闻溢乎世界。冉冉若青云之始翔，蔼蔼如初日之未央。盖自民国以来，名高未有如君者也。他们通过工作交往与私人交往融为一体的交往方式收获了共同的朋友圈，他们的生活美学也在更为广泛的文艺圈和名流圈里形成了共振。

鸳鸯蝴蝶派与"五四作家"在文学主张与人生志向上确有差异，但二者仍有共通之处。普林斯顿大学文学史教授帕瑞·林克认为鸳鸯蝴蝶派与"五四作家"在20世纪20、30年代，随着时代的进步，两者之间距离缩小了一些。有些文人从这一派跨到那一派。叶圣陶和刘半农都是在20世纪最初十几年间在"鸳鸯蝴蝶派"几家杂志上开创了他们的事业，后来变成了"五四派"。在"鸳鸯蝴蝶派"与"五四派"两派之间，跨派的文人比之两派读者的跨派还要厉害。[1]我们现在在反思五四新文学，有一种观点是"五四"造成了中国文化的断裂。这种看法的代表人是牟宗三先生。他认为"五四"的反传统是急功近利、情绪主义的，它造成了中国传统价值的断层，导致现代中国价值失范，由此产生了各种动荡混乱。[2]实际上，"五四作家"并非全面反对传统文化，而只是反对正统文化，"中国先进的知识分子固然是当时中国眼界最开阔、最善于吸收外来思想文化养分的人，但他们毕竟不可能与自己的文化传统一刀两断"[3]。在生活方式上，"五四作家"与鸳鸯蝴蝶派有着共性化的"雅"之追求，这是不争的事实。是以近些年来有些研究者已不再争论雅俗，而将"鸳鸯蝴蝶派文学"命名为"市民大众文学"。雅俗不能只是通过文学作品加以评判。正如刘铁群所说，周瘦鹃等人是一群具有新身份和谋生方式的传统文人，"他们虽然身在上海，但实际上常常生活在另一个世界——一个自己营造的小世界，一个美而雅的世界，一个逸与闲的世界。他们生活在花木中，生活在诗词典籍中，生活在金石古董中，生活在诗酒风流的文人聚会中。在对优雅、超俗的生活情趣的执著追求中，外在世界的视野退缩了，内在世界的体味更深

---

[1] 帕瑞·林克：《论中国现代文学史上的传统市民小说与"鸳鸯蝴蝶派"》，阚岳南译，《世界经济与政治论坛》1983年第2期。
[2] 秋雨：《"五四"反思》，《中共山西省委党校学报》1989年3期。
[3] 綦晓芹：《与其是反传统，毋宁是反正统："五四"反思》，《人文杂志》2008年第5期。

更细,这样他们就得以逃避俗尘的侵扰,并且与俗人划清了界线。他们从不承认自己是个俗人。"[1]如果从文学和生活两个角度来看,雅俗存在文雅人俗、文俗人雅、文雅人雅、文俗人俗等多种可能,将"文俗"上纲到"人俗"进而否定整个群体的评判是不合理的。

历史上"五四作家"与鸳鸯蝴蝶派关于传统与现代、文学的"为人生"还是"为艺术"的论争与追求美好生活的新时代共识建立了意味深长的契合关系。从五四到当代的路上,从晚清小说到当代网络小说的文学脉络[2]与从"明清江南"到"当代江南"的生活脉络交互迭现,周瘦鹃是将文学的世俗化与生活的风雅化结合的最佳代表。在传统美学与艺术精神在当代文化生活中全面衰落的场景下,他的诗性生活为江南生活美学传统强健心灵的审美功能写下了有力注脚。

---

[1] 刘铁群:《〈礼拜六〉作家群的生态与心态》,《广西师范大学学报》(哲学社会科学版)2006年第4期。
[2] 范伯群:《古今市民大众文学的"文学链"》,《苏州教育学院学报》2013年第2期。

第二章 至情至纯 以家为本：家庭生活美学

家庭是社会的基本细胞，社会肌体的健康、稳定及发展在某种程度上是由家庭细胞维持和决定的。[1]家文化是社会文化极其重要的组成部分，它以家庭精神文化为核心，以家产为物质基础，以家庭关系为纽带主体，以家法、家规、家训为行为制度规范，以奉孝守礼、诚实守信、勤俭持家、律己助人等为基本精神，包含了家庭器物文化、精神文化、制度文化和关系文化等内容。[2]家庭生活美学属于生活美学之一支，是人类创造事物的美和精神行为美相结合的产物，"家庭生活美，一方面，它是人类（包括家庭这种社会细胞）改造世界的能动性在现实中的实现或对象化；另一方面，它作为一个对象即一个感性化物的具体存在，是能够通过人们对创造事物的美和人类精神行为美的感受和体验，引起特定的情感反映并获得审美价值的"[3]。简而言之，它指关于持家养家、家庭礼仪风度、富于人情的交往、情感生活、家庭环境设计、家庭教育方面的观念的集中表现。本章对周瘦鹃的家庭生活美学作一探究。

---

[1] 王勤瑶：《传统家文化的时代变迁及启示》，《内蒙古大学学报》（哲学社会科学版）2019年第3期。
[2] 周尚义：《中国家文化论纲》，《武陵学刊》2017年第4期。
[3] 王修和：《家庭生活美学构想》，《湖北大学学报》（哲学社会科学版）1990年第6期。

第一节 重情而顾家的"暖男"

家庭生活美学离不开一个"情"字。只是这个"情"不是反抗社会、家庭压抑的"情欲",而是适应、顺从家庭生活的"亲情"。不少"五四作家"主张解放情欲,并以此为武器向旧家庭猛烈开火,"欲革政治之命者,必先革家族之命,以其家族之有专制也"[1],他们抨击包办、买卖和强迫性质的婚姻,主张婚姻自由;猛烈批判封建贞烈、出妻与一夫多妻等观念和制度;主张婚姻家庭革命,更有激进者主张废婚毁家,提倡独身主义。[2]与"五四作家"不同之处在于,周瘦鹃怀有浓厚的家本意识,他在《新家庭》中如是表达他的家庭观:"家庭是人们身心寄托的所在。能给予人们一切的慰安,一切的幸福。你无论走到天尽头地角里去,你总会牵肠挂肚地想念着它。心中跃跃地兀自想回到这家庭里来。这种意味,凡是不曾远离过家门的人,是不会知道的。"[3]

周瘦鹃与周吟萍之恋是中国现代文学史不能忽视的议题。在中国现代文学的爱情传奇中,无论是真实发生的还是文坛虚构的,就复杂、奇特的程度而言,都比不上周瘦鹃与紫罗兰[4-5]。依据周瘦鹃的恋情自白,他对周吟萍"情比金坚",然而周吟萍的家庭十分富裕,1998年周吟萍的侄女婿接受学者陈建华的采访时这样介绍周吟萍的家世:"周吟萍原籍上海市东郊引翔港镇(解放后已改隶杨浦区)。周姓为该镇首富。祖遗住宅规模之

---

[1] 家庭立宪者:《家庭革命说》,载张枬、王忍之编《辛亥革命前十年间时论选集:第1卷》(下册),生活·读书·新知三联书店,1960,第833-837页。
[2] 逸民:《辛亥革命后中国人婚姻家庭观念的变迁》,《中华文化论坛》2003年第1期。
[3] 瘦鹃:《〈新家庭〉出版宣言》,《新家庭》1932年第1卷第1号。
[4] 陈建华:《民国文人的爱情、文学与商品美学:以周瘦鹃与"紫罗兰"文本建构为中心》,《现代中文学刊》2014年第2期。
[5] 陈建华:《"一生低首紫罗兰":周瘦鹃的自我再现与都市镜像》,载《古今与跨界:中国文学文化研究》,复旦大学出版社,2013,第135-149页。

大犹如《红楼梦》里的大观园,厅堂房舍不计其数。宅后有池养鱼,有地种菜。"[1]是以周吟萍的父母坚决反对这场门不当户不对的恋爱,这给周瘦鹃造成极大的痛苦,"失恋史作为人生经验中的缺失性体验,长久地影响着他的创作和人生"[2]。《小说月报》最早的主编王西神为他写了一首长诗《紫罗兰曲》,其中有"周郎二十何堂堂""三生自是多情种"等句。张恨水以周瘦鹃为原型撰写长篇小说《换巢鸾凤》[3]。吴梅以周瘦鹃的情伤为主题创作一首词:"沟水各西东,莫问芳踪,斜阳苍陌笑桃红,早识如今容易别。何事相逢。花草又春风。枉怨吴侬。断肠多在少年中。拼取伤心留影事。泪墨题封。"[4]这都反映出这场挫败的恋情对周瘦鹃的深刻打击。1944年,周瘦鹃在主编的杂志上发表了著名的《爱的供状》,向社会完整公开了他与周吟萍的感情。这篇文章谈及了较为详细的心路历程,也附上了周瘦鹃为这段恋情写下的《记得词》,连续5期才刊载完毕。这是一种具有双重意义的文本。一方面它是周瘦鹃对周吟萍的私密化的情感倾诉,另一方面却以连载5期的方式宣告天下,成为大众化文本。从20世纪20年代二人相恋到20世纪40年代写《爱的供状》,周瘦鹃之所以持久而高调地向社会表露他对这个女子动的真情,是与当时情感解放、崇尚真爱的世风有关的。在报章公开私情并非可耻之事,反而成为文人的一种习惯,如徐枕亚就曾将自己的爱情公之于众,所以周瘦鹃大方向世人公开自己的感情,并且也未向亲人隐藏自己对周吟萍的深爱。

情场失意后,周瘦鹃曾穿过女装(图6),就笔者所知,很少有文人如此。七尺男儿,为何要扮作女相? 这当然不是忸怩作态,或有易性癖。笔者的理解是,一方面可能为了配合杂志的广告宣传。当时不少人认为周瘦鹃就是女性,他姑且穿着女装,错上加错,可以借助大众关注提高杂志销量和个人知名度。但另一方面与他内心对失败的人生首次恋情的伤怀有

---

[1] 陈建华:《民国文人的爱情、文学与商品美学:以周瘦鹃与"紫罗兰"文本建构为中心》,《现代中文学刊》2014年第2期。
[2] 潘悦:《"身份"的焦虑:上海沦陷区〈紫罗兰〉杂志研究》,硕士学位论文,上海大学,2009,第25页。
[3] 关于张恨水甚至以鹃萍之恋为原型写作长篇小说《换巢鸾凤》的详细记载,可参见范伯群:《从劫后余生的"紫罗兰"亲笔信看……:周瘦鹃〈爱的供状〉和张恨水〈换巢鸾凤〉》,《书城》2010年第7期。
[4] 吴梅:《题周瘦鹃断肠日记》,《申报》1921年3月6日,第14版。

图6 看似柔弱的周瘦鹃

关。他始终难以忘怀初恋周吟萍，因为女装扮相仿佛是将周吟萍永远地融在了自己身体里，通过使自己变作另一个周吟萍的方式永久地保留住这份爱情。与他男扮女装相对应的是，他曾自比黛玉，原因有三，一因感情波折之类似，二因早年丧亲之类似，三因所作哀婉文字之类似："我虽是一个男子，而我的性情和身世也和她（林黛玉）有相似之处：她孤僻，我也孤僻；她早年丧母，我早年丧父；她失意于恋爱，我也失意于恋爱；她工愁善感而惯作悲哀的诗词，我也工愁善感惯作悲哀的小说。因此当我年轻的时候，朋友们往往称我为小说界的林黛玉，我也直受不辞。"[1]周瘦鹃女装扮相的源头可能正是无果情爱造成的心灵悲郁。当然，这也绝非说明周瘦鹃真的软弱得和女孩儿一般，实际上，他远比他自以为的更加坚强和现实。美国社会学家米德（George Herbert Mead）指出人有"主我"和"客我"两种状态。"主我"的周瘦鹃激烈热恋着周吟萍，"客我"的周瘦鹃冷静地盘算着柴米油盐的家计。在贫穷小市民家庭里长大的周瘦鹃深知自己的家境不可能像小说男主角那样有能力支付起一场脱离柴米油盐的云端恋情。出身富户的周吟萍也不具有周瘦鹃母亲那样操持家庭的能力。1946年，周瘦鹃原配胡凤君逝世，当时周吟萍已守寡，但二人并未结合。一种说法是瘦鹃颇有结合意，奈吟萍却以年华迟暮，不欲重堕绮障。更有说服力的意见是范伯群给出的："她是那样动情，曾对周瘦鹃说，将她看作是永远的'未婚妻'吧；她又是那样理智，两人都已年过半百，而周瘦鹃这样一个具体的家庭，中馈需人，她又非持家能手，她难以胜任。"[2]

[1] 周瘦鹃：《拈花集》，上海文化出版社，1983，第92-93页。
[2] 范伯群：《周瘦鹃论》，《中山大学学报》（社会科学版）2010年第4期。

依照范伯群的说法，周瘦鹃虽然"中馈需人"，却能清醒地认识到周吟萍在持家方面的局限性，因此他对周吟萍的情爱既有浓烈感性的一面，也有冷静理性的一面。跨阶层的爱情正因在现实中难以实现才会成为文学的想象。他对周吟萍的重重思念并非说明他后悔未与周吟萍结合，而只是表达青春已逝的伤怀。发之于情、止乎于礼的意志推动他摆脱情欲走向家庭。恋情遇挫后，周瘦鹃并未如小说男主角般临风流泪、对月长吁的长久积郁，而是迅速调解悲伤适应现实，担起养家糊口的重任，展示出"心怀诗意以谋爱，手执烟火以谋生"的积极健康的生活态度。

周瘦鹃一生未忘周吟萍，但却未沉湎于情感悲剧中，而是化悲为力，以哀情小说创作化解悲郁。个人哀情融入字里行间，情深雨蒙蔚成新风。秦伯未形容周瘦鹃"对花如人"的情事："春归庭园泪阑干，细拾残香续坠欢。不尽幽思难解脱，一生低首紫罗兰。湖海飘零酒一卮，偶无聊赖动相思。□均底事悲香草，情种应属维纳斯。离别心怀未易销，红牙愁□蕾娇娆。年来欢爱劳追忆，赢得词人瘦损腰。缠绵悱恻想依稀，轻暖轻寒尊自肥。正似江南断肠草，杜鹃又唱不如归。"[1]程后姚作诗："世态如花入笔端，娇情恰似紫罗兰。佛家色相诗家画，都向江郎梦里看。"[2]从儒家根基上生长出一种情本哲学，也许这种以情为本的哲学，才是中国生活美学更为坚实的基石之一。[3]周瘦鹃的哀情小说继承的正是这种古典情本美学，"多情人也，平生所为文，言情之作居十九，然多哀艳不可卒读……辞旨顽艳，花月为愁，益觉令人于邑不欢"[4]。

周瘦鹃在《辛先生的心》一文中，说到了年过六十岁的"辛先生"早年丧父母，一生无妻儿。早年爱上自己的女学生，属于不伦之恋，不敢启齿，后来女学生嫁人了，但婚姻并不幸福。每念及此，"辛先生"皆痛断肝肠。爱而不得的情感经历及女学生的纯情模样和女学生写给辛先生的信，分明是周瘦鹃向读者复述自己的伤心过往：

  心跳手颤的疾忙拆开来看时，只见信笺上潦潦草草的写着几十个字道："遇人不淑，生不如死，湘今死矣。先生之心，湘固知之，湘之

---

[1]　秦伯未：《紫罗兰词赠瘦鹃》，《申报》1926年8月23日，第17版。
[2]　程后姚：《读周瘦鹃先生紫罗兰说部赋此寄赠》，《申报》1927年12月12日，第13版。
[3]　刘悦笛：《中国"生活美学"翻身为全球美学：回应美国美学家托马斯·莱迪》，《文艺争鸣》2021年第1期。
[4]　陈小蝶：《〈午夜鹃声〉附记》，《礼拜六》1915年第38期。

心，先生亦知之否？呜呼……"以下戛然而止，似乎正在病危之际，写不下去了。伊死后，这封信不知如何会寄给我的，至今还是一个疑问咧。

我得了这封信，心已碎了。请了一个月的病假，整日整夜的躺在床上，不知如何是好。手中执着那信，将那几十个字不知读了几千遍几万遍，两眼无论着在窗上墙上帐顶上，总是虚拟着湘文的声音笑貌。同事们和朋友们来探望我时，忙把那信藏过，始终不敢给他们知道，生怕妨碍了湘文死后的清名，我是对不起伊的。[1]

周瘦鹃通过出版物向青年读者们呈现了符合伦理传统的感情的正确打开方式，因此读者们把他主编的《半月》当作恋人、良伴或亲人，如一位读者来信写道："半月是我的良好的伴侣，香甜的情人，我很爱他，并且很佩君的天才。"[2]时人之所以视周瘦鹃为"知心人"[3]，不仅因为他的文字提供了读者所求的共情化体验，而且也在于他提供了摆脱情感悲郁的审美化途径，他在文字工作中创造出的紫罗兰意象，为人们提供了宣泄情感的美学化渠道，"少年男女，几奉之为爱神，女学生怀中，尤多君之小影"[4]。范伯群说鸳鸯蝴蝶派文学推动了"乡民市民化"[5]，"市民化"不能只是理解为谋生求存、安身立命的"生计知识"，也包括脱离蛊惑、坚持纯真的"情感知识"。周瘦鹃的自我代入式写作为读者（市民）传授了适应现代都市的情绪情感常识，其在20年代的关键角色就是为市民大众提供了"感情教育"[6]。

传统家庭观追求夫妇之道恒久，强调夫为妻纲，夫对妻的权力控制，将夫妻关系神化。现代家庭则注重个人，从而使家庭关系日渐以夫妻轴心代替亲子轴心，婚姻当事人更看重夫妻双方的横向互动和感情交流，更崇尚平等自由、开放的两性关系[7]。因为需要共同劳动和谋生才能维系家庭

---

[1] 瘦鹃：《辛先生的心》，《紫罗兰》1928年第1期。
[2] "林洛书君来函"，《半月》1992年第1卷第15号；转引陈建华：《周瘦鹃与〈半月〉杂志——"消闲"文学与摩登海派文化（1921—1925）》，《苏州教育学院学报》2018年第6期。
[3] 范伯群：《周瘦鹃论》，《中山大学学报》（社会科学版）2010年第4期。
[4] 钝根：《本旬刊作者诸大名家小史》，《社会之花》1924年第1期。
[5] 范伯群：《古今市民大众文学的"文学链"》，《苏州教育学院学报》2013年第2期。
[6] 陈建华：《海派文化的日常生态：周瘦鹃在1919》，《文汇报》2019年2月15日，第2-3版。
[7] 唐娅辉：《当代中国家庭观念的走向》，《湖南社会科学》2000年第3期。

生存，各成员之间的劳动能力、劳动机会都是相对均等的，因此家人们虽然辛苦，但各自在家庭内部的话语权都在增加，对自己生活方式、情感的决定权也在增加。在周瘦鹃的家庭中，这种变化就表现为互相尊重和敬爱的现代的夫妻关系。他在家庭中的地位并不是"控制型"的，不存在男性中心的"夫主妇从"的模式。[1]胡凤君尽心尽力料理周家内部事务。她贤淑勤劳，烧得一手好菜，外形秀雅，处事得体，与周瘦鹃琴瑟和谐。家庭工业社股份公司的创办者陈蝶仙制出蝶霜香粉、紫罗兰粉、花露水。紫罗兰粉专为胡凤君特制，因周瘦鹃有紫兰小筑得名。[2]上海申园主人邀周瘦鹃看赛狗，他也会带上胡凤君，胡凤君"畏犬如虎，出行见犬，必绕道以避之"，但看得"意兴飚举"，说"从此将不畏犬"，[3]可见胡凤君与周瘦鹃形影不离，心心相印。相比"紫罗兰之恋"，周瘦鹃对胡凤君的爱更加务实。1944年发表于《紫罗兰》月刊中的《爱的供状》中，他作诗词回忆自己与周吟萍的"紫罗兰之恋"，在诗词前他加增了一段深情赞美胡凤君的长序：

> 我有一个很美满的家庭，母慈，妻贤，儿女孝顺，我就在他们的温情之下，过了二十多年安定的生活，我很感激他们给予我无限的温情，才得延长了我的生命，不然，这烦恼的世界上早就没有我了。尤其是我的妻！凤君，真是一位标准的贤妻良母，委曲求全的体贴备至；我最初就没有瞒过她，在她过门后的第三天上，很坦白地把我的恋史和盘托出，她虽不免因爱生妒，可是对于我也渐渐地表示同情；而我对于她呢，早年在亲戚家遇见她时本已有了深刻的印象，并不是单凭媒妁之言的结合，所以我是始终爱重她的。[4]

胡凤君去世后，周瘦鹃娶了俞文英。夫妇二人的情深意笃可从周瘦鹃写给旅居海外的女儿周瑛的信中得到证实："我兴冲冲地带着你继母赶到了苏州书场"，"到了元宵节边，我总是要到上海去走一遭的。这一次你继母有兴，伴着我同去"[5]，"月明星稀，人天欢喜；我和你的继母（俞文

---

[1] 安秀玲：《清末民初婚姻家庭观念的变化》，《历史教学问题》2002年05期。
[2] 由国庆：《蝶仙主编卖牙粉》，《财会月刊》2015年第9期。
[3] 瘦鹃：《申园试犬记》，《申报》1928年7月14日，第21版。
[4] 周瘦鹃：《爱的供状》，《紫罗兰》1944年第13期。
[5] 周瘦鹃：《姑苏书简》，新华出版社，1995，第211页。

英)(图7)急匆匆地赶往开明剧院"[1]。在周瘦鹃心中,紫罗兰无疑是浪漫爱情的象征。他在一篇文章中这样描写紫罗兰:"花谱相传为恋女神,若遇园丁能爱护,春秋佳日好缀繁英。都说是娓娜丝不忍与夫离别,因此上红泪斑斑染血痕。"[2]果如其言,周瘦鹃夫妇就像一丛开在庭院里的紫罗兰,既散溢着浪漫的色彩,也深怀着亲密的依恋。

图7　周瘦鹃与俞文英

徐仲佳论及鸳鸯蝴蝶派对性爱的复杂态度时指出,他们既不满于旧道统对个性的极端压抑,又对现代性爱所造成的人的深层价值秩序的破坏感到忧虑,"在性爱问题中,是个人立法还是外在权威立法。鸳鸯蝴蝶派显然倾向于后者"[3]。黑格尔说过,真正的爱情都不应该以家庭、伦理和生理作为基本形式,而应该以恋爱的双方各向对方抛出"主体亲热情感",作为它的基本形式。只有双方所抛出的"主体亲体热情感"相互碰撞,发生爱的火苗,才会形成真正的爱情,由此才可能导出家庭形式、伦理形式和情爱形式。[4]周瘦鹃的"以家为本""家庭至上"的理念并非一开始建立于爱情基础上的,而是在长相厮守与扶持中形成的。他既在某种程度上由于家庭结构的变化接受了西方的家庭观念,也遵从传统家文化的影响没有表现出对旧家庭观念的批判与反抗,显现出柔顺而不执拗、重情而顾家的"暖男"形象。

---

[1] 周瘦鹃:《姑苏书简》,新华出版社,1995,第19页。
[2] 鹃:《紫罗兰开篇》,《乐观》1942年第10期。
[3] 徐仲佳:《中国都市文学的现代性问题:性爱观念与市民形象的塑造:以鸳鸯蝴蝶派与新感觉派小说为例》,《社会科学辑刊》2005年第5期。
[4] 靳彤绍:《论黑格尔的爱情美学思想》,《湖南师范大学社会科学学报》1990年第6期。

第二节 苦难生活炮烙出的家本意识

小市民是城市中那些收入位于中等或者中下阶层的人们[1]，周瘦鹃的原生家庭正是"小市民"家庭，他的父亲在轮船招商总局招商局当会计，属于贫穷职员。他的母亲则无固定工作，做手工贴补家用，属于贫穷的手工业者。他和外祖母、哥哥、姐姐、弟弟共同生活在贫穷的职员家庭中。据统计，新中国成立前上海的工人和职员人数共达 122.9 万人，占就业人口的 72%，构成上海城市经济活动中最大的群体。[2] 1900 年，他的父亲病逝。原本清寒的家庭雪上加霜，"遗下了几百块钱的债"[3]，家中再无往日欢语笑声，"一家已在泪河之中"[4]。每念及此，他皆感人生无常。父亲去世后，养家重担落在母亲和外祖母身上，因此他倍加尊爱母亲。母亲去世后，他"黎明即起"，到遗像前"叫一声妈"，"接着敬上一支好香烟，二十年如一日"，[5] 这是后话。彼时家中孩子幼小，周瘦鹃 5 岁，哥哥周国祥 10 岁，妹妹周葆贞 3 岁，弟弟周国良 1 岁，依靠母亲从事"女红"之类的劳作勉力存活。[6] 家庭中每个人都在为生计而劳碌。有一次周瘦鹃从亲戚家得了一块钱的压岁钱，回来时生怕再给母亲取去买柴米，就瞒着不说。谁知临睡时，被母亲在鞋子里面发现了，狠狠打了一顿。[7] 除母亲教育子女要待人诚信不可欺外，家庭经济压力大也是他挨打的原因。

不久，周瘦鹃深爱的哥哥周国祥染病辞世。《哭阿兄》一文"哭"出了

---

[1] 卢汉超：《霓虹灯外：20 世纪初日常生活中的上海》，段炼、吴敏、子羽译，上海古籍出版社，2004，第 48-49 页。
[2] 邹依仁：《旧上海人口变迁的研究》，上海人民出版社，1980，第 104 页。
[3] 瘦鹃：《新年之回顾》，《半月》1922 年第 10 期。
[4] 同上。
[5] 周瘦鹃：《姑苏书简》，新华出版社，1995，第 47 页。
[6] 瘦鹃：《我的家庭》，《游戏世界》1922 年第 17 期。
[7] 瘦鹃：《新年之回顾》，《半月》1922 年第 10 期。

他肝肠寸断的悲痛：

> 这一夜，我不知怎的，再也不能入睡，想前思后，不住的落泪，半床枕箪，竟做了一个承泪的盘子。暗中我还默祷上天，鉴我的一片赤诚，救阿兄一命。接着又想起了许多未来的计画，能使阿兄安乐的。勉强睡过去了一点多钟，到四点钟就醒了。听邻家洗衣之声，疑是鬼魅，一壁暗暗问着自己，不知道阿兄好些没有。谁知四点半钟时猛听得一阵叩门声，门外的人说周先生无救了，我心痛如割，泪落如雨，手忙脚乱的不知道怎样才好。好容易找到了长衫披上，飞车前去，唉，天哪，我可怜的阿兄早在这中华民国十二年八月四日寅时弃我而去了。[1]

朋友姚民哀读到《哭阿兄》，不禁悲从中来："人生难得惟兄弟，古人之言诚有意""周君兄弟情更真，偶然小别亦怆神""君兄虽逝弟犹存，我亡兄弟渺无观"[2]。胡寄尘说："语语伤心字字真。"[3]周瘦鹃从家庭中感到的不是压抑，而是患难与共的真情，这是他孝上重亲的情感基础。范伯群说他"对母亲守节抚幼的感恩连锁地遍施于对其他'节妇'的尊敬……成了他作品理直气壮反复宣扬孝道的动力。与其说这是儒学的薰陶，倒还不如说是苦难家庭生活炮烙的深深印痕"[4]，切中了周瘦鹃家本意识的肯綮。

传统家文化讲究礼仪尊卑，正如《周易·序卦》所载：有男女然后有夫妇，有夫妇然后有父子，有父子然后有君臣，有君臣然后有上下，有上下，然后礼义有所措。近代化家庭生活美学却出现了不同的平权化的趋向。共同为家庭生计付出辛劳及弥散其间的爱，形成相对平等、务实的家庭关系和勤苦尽职的家风。这种父母兄弟姐妹互助化共同体催生了周瘦鹃的家本意识。周瘦鹃曾批评社会的黑暗、"上海"的堕落，但并未抨击家庭或主张颠覆家庭伦理。周瘦鹃母亲给周瘦鹃做了"自立"的榜样，还给他们三兄弟创造了学习机会，"复令吾三兄弟先后就学，沈毅果敢，不啻百战疆场之战士也。含辛茹苦者十余年，愚始克自立"[5]。江南文化崇文重教

---

[1] 瘦鹃：《哭阿兄》，《半月》1923年第23期。
[2] 姚民哀：《读瘦鹃哭阿兄文触余悲感拈管书后》，《申报》1923年8月27日，第8版。
[3] 胡寄尘：《读瘦鹃哭阿兄文》，《申报》1923年8月17日，第8版。
[4] 范伯群：《周瘦鹃论》，《中山大学学报》（社会科学版）2010年第4期。
[5] 瘦鹃：《吾母今年七十六矣》，《紫罗兰》1943年第3期。

的传统、学求实用的理念[1]激励周瘦鹃砥砺磨炼,积累下日后成为文坛领袖的创作资本。多年后他对处女作《爱之花》的稿酬仍记忆犹新:

> 隔不多久,好消息来了;《小说月报》的编者王蕴农先生回了我一封信,说是采用了……并送了银洋十六元,作为报酬(当时编辑认可的稿件就先由出版方付钱买下)。这一下子,真使我喜心翻倒,好像买彩票中了头奖一样。你祖母的欢喜更不用说;因为那时的16块大洋钱是可以买好几石米的。我的50年的笔墨生涯,就在这一年上扎下了根。[2]

奥地利心理学者家弗洛伊德从精神分析的视角如此定义创伤:如果在很短暂的时期内,某个经验使心灵受到极其高度的刺激,致其不能用正常的方法去适应,从而使其有效能力的分配受到永久的扰乱,我们便称这种经验为创伤。他对创伤的理解包含三个成分,分别为童年早期经历的事件的记忆、青春期后经历的事件的记忆及后期经历事件触发的对早年事件的记忆。青少年时期的苦难生活在周瘦鹃心中刻下弗洛伊德所说的"记忆",成为他走上养家糊口之途的精神动力。从《小说月报》拿到人生第一笔稿费后,他辞去教职专作"卖文生活",替《礼拜六》《游戏杂志》《申报》《小说时报》《妇女时报》等撰稿。"母亲见我如此胆大,很为担心,怕我负担不起,但我老是安慰伊,说我仗着一支笔定能应付过去的。从二十一岁起,先后在中华书局、中美新闻社、大东书局《新申报》《申报》等处服务,编辑《礼拜六》《半月》《紫罗兰》《新家庭》《紫兰花片》诸刊物,个人撰译不下一千万言,对于文化虽说不上有何贡献,然而像我那么一个孤儿,一个苦学生,二十余年来,总算能够自立,而赡养一家十余口了。卓呆老友主编《自修》,出'苦学'专号,来函征稿,因将我的苦学史拉杂写来,给一般苦学生作一帖兴奋剂;千句并一句,咬紧牙关吃苦,立定脚跟做人。"[3]

周瘦鹃放下悲伤,直面生活,以务实勤奋之态度化解谋生难题。这种勤勉持家、重家尚教的家本意识成为他人格中最为重要的特征。

---

[1] 胡发贵:《江南文化的精神特质》,《江南论坛》2012年第11期。
[2] 周瘦鹃:《姑苏书简》,新华出版社,1995,第53页。
[3] 周瘦鹃:《我的苦学史》,《自修》1940年第112期。

第三节　德莫大于和的家风

在上海知识分子的家庭生活中，绝大多数时光都用在构建外向型社会关系网络的书信往来与沙龙聚餐上，留给构建内聚型社会关系网络的私密时光十分有限。[1]周瘦鹃却相反，青少年时他就一直与母亲、兄妹一起生活，成年后则与自己的小家庭一起生活，绝少分离。他在酒绿灯红的上海工作生活达二十余年，往来无白丁，谈笑有巨贾，身居报刊主编高位，月入丰厚稿酬，身边影星、舞星、歌星、女文人如云围绕，他不为所动，不沾染绯闻。[2]家庭始终是他心之所系、赖以依靠的港湾。许廑父说周瘦鹃"平生无嗜好"，那是讲他的一生中与烟（鸦片）、赌、嫖无缘，他洁身自好。[3]他的"家庭暖男"形象和上海的"纸醉金迷感"是格格不入的，就像用墨镜遮挡眼睛一样，他隐藏了与世无争、重家务实的真实自己。

中国古代家文化重视整体内部和谐，通过人际关系的和谐、个人与整体的协调来实现整体的和谐。对社会整体而言，秩序与和谐是相互促进的，正所谓"和也者，天下之达道也"，"德莫大于和"。团圆文化以独特的血亲团圆为基础的中华传统家文化的主要特征。"重合轻分"的家庭结构的特点是，家庭成员之间保持着较强的血亲家族观念，讲究人丁兴旺，四世同堂，家庭成员间和睦谦让，这样可以形成家庭内部的长久的凝聚力。[4]在团圆文化的影响下，即使在1938年逃难皖南时，周瘦鹃也与全家须臾不

---

[1] 胡悦晗：《朋友、同事与家人：家庭生活与社会关系网络的建构：以民国时期上海知识分子为例（1927—1937）》，《开放时代》2012年第11期。
[2] 即使有些"绯闻"也只是商业炒作，而非实事。如周瘦鹃给仅有一面之缘但喜爱他的小说的妓女吟香寄赠了两册小说，《晶报》就对这件事情反复炒作。（见倚虹：《香鹃初幕》，《晶报》1923年11月30日；周瘦鹃：《为香鹃初幕声明》，《晶报》1923年12月3日；丁悚：《香鹃初幕声明之声明》，《晶报》1923年12月6日）
[3] 范伯群：《周瘦鹃论》，《中山大学学报》（社会科学版）2010年第4期。
[4] 李文选：《浅探中华民族团圆习俗的文化内涵》，《青岛教育学院学报》1994年第1-2期。

分,"凤君多方张罗,东拼西凑,预备了七碗四碟一暖锅的荤菜素菜,一家九人,围坐在小圆桌上,吃起团圆夜饭来,虽没有什么海错山珍,却也吃得津津有味"[1]。1943年他回苏小住,又是胡凤君掌勺,"此行与凤君偕,则食事济矣","晨餐以油炸桧泡虾子酱油汤,并腊肉夹蟹壳黄食之,厥味绝隽,不数西土芦笋汤三明治也"[2]。与因工作之便吃到的西式琳琅美食相比,周瘦鹃更加喜欢清淡精致的"私房菜"。胡凤君去世后,周瘦鹃对她的厨艺无比怀念:"往年在上海时,常吃香酥鸭;在苏州时,常吃母油鸭,不用说都是席上之珍。而二十余年前在扬州吃过的烂鸭鱼翅,入口而化,以后却不可复再,思之垂涎! 亡妻凤君在世时,善制八宝鸭,可称美味。现在虽能仿制,但是举箸辛酸,难餍口腹了。"[3]女儿周全回忆父亲摆设家宴招待好友的情形,饭香中飘溢着浓郁的亲友之情:

> 一次父亲为参加全国盆景展览会新创作了几盆盆景,请来了几位老朋友提提建议,而中午就在我家爱莲堂中"聚餐",我家老保姆常熟好婆能烧一手好菜,父亲便让她采下园中荷花池中的荷叶,把肉包在荷叶中间,烧出一盆飘逸着荷叶清香的"荷叶粉蒸肉",吃得几位老伯伯连声叫好。听母亲讲,这样不同形式的"聚餐",几乎每两个月一次,每一次还给送上来的菜品色香、提菜名。我想父亲的美食家之称是名副其实了。[4]

周瘦鹃在社交生活中表现出"家庭型性格":对人如家人,亲情浓郁,待人真诚。他不喜与人争执,没有争名夺利之心。周瘦鹃说自己"本来是个无用人,一向抱着宁人骂我,我不骂人的宗旨。所以无论是谁用笔墨来骂我,挖苦我,我从不答辩"[5]。"在我大半世生活中所接触到的人和物,实在是太多了,凡是我所认为真善美的,或是与我相知有素相处已久的,就会在我心中扎下了根,而产生浓厚的感情"[6]。在朋友眼中,周瘦鹃重情重义。据王钝根说:"十年前,余与丁慕琴君悚、周瘦鹃君国贤三人结为异姓兄弟,互相爱重,丁君温存妩媚,人称之为琴艳亲王,周君好作

---

[1] 周瘦鹃:《劫中度岁记》,《申报》1940年1月1日,元旦增刊。
[2] 瘦鹃:《紫兰小筑九日记》,《紫罗兰》1943年第4期。
[3] 周瘦鹃:《苏州游踪》,金陵书画社,1981,第15页。
[4] 周瘦鹃:《姑苏书简》,新华出版社,1995,第303页。
[5] 瘦鹃:《辟谣》,《上海画报》,1926年6月26日,第2版。
[6] 周瘦鹃:《姑苏书简》,新华出版社,1995,第95页。

言情小说,哀感顽艳,赚得无数少年男女之眼泪,我便绰号之为文艳亲王,此原不过一时游戏,何期岁月迁流,一转瞬间三人均已中年,回首前尘,不胜惆怅,清夜无聊,戏将当日谑言,衍为小说,饶有趣味,瘦鹃见之,度亦不以为怜也,至篇末所谓要求之事,乃余恳瘦鹃助余编辑《新申报》事也。"[1]周瘦鹃也与郑逸梅相交甚笃,他曾写七绝:同乡同社复同庚,好好先生并有名,君若衰颓我亦倦,何妨携手更同行。张国瀛解读道:他和郑逸梅之间的几十年私交,从同乡好友到参加文学团体……末句"携手更同行"系诗人用杜甫《与李十二白同寻范十隐居》诗句,表现了他和郑逸梅之间的友谊是不同寻常的。周瘦鹃被人称作"好好先生",他亦将郑逸梅称为"好好先生",视郑逸梅为另一个自己,性格相仿成为二人"携手更同行"的动力。"老友"们陪伴周瘦鹃走过风雨人生。1944年抗战胜利前夕,顾明道"肺疾复作。不能作小说,境殊困",周瘦鹃与范烟桥、严独鹤、程小青等人"分别募资以供医药,并写'感逝'揭诸紫罗兰,为之向同情之读者呼将伯"[2],他们之间的深厚情谊显而易见。

周瘦鹃任主编期间,常常收到朋友的来稿,"不能不顾到感情,只得到处讨好","偶一懈怠,责难立至",这些日积月累的"苦痛"和莫名其妙的"误会"令他身心俱疲,"好好先生做到这个地步,可已做到山穷水尽的地步了",[3]从侧面看出他心地宽厚,与人为善的性格。是以时人评价:"爱有瘦鹃子,感此欲挥涕。知影最纯洁,亲爱非侧媚。知影最正直,坦率绝趋避。相应既同声,相求又同气。"[4]1957年,苏州著名戏剧家王染野《铸剑》一戏"篡改"了鲁迅的作品,被戴上"右派"的"帽子",下放到苏州黄埭公社下堡村劳动。王染野拜访周瘦鹃时,周瘦鹃不但不避嫌,反而热情招待他。王染野回忆道:

> 我又一人踽踽凉凉地溜达进姑苏城中,悄悄地钻进周家花园,到爱莲堂上拜会周瘦老,周老为人厚道,绝无半点鄙弃我这"编外之民"的意思,他先待以冰冻绿豆汤,后待以薄荷冰糖水,真是几口饮下,透体冰凉,但我在这冰凉之中,却尝到了古道热肠,也许就因为有了

---

[1] 钝根:《我与文艳亲王之情史》,《社会之花》1924年第6期。
[2] 范烟桥:《寄琐散叶》,《大众》1944年第11期。
[3] 瘦鹃:《几句告别的话》,《上海画报》1929年1月12日,第2版。
[4] 萱百:《奉题瘦鹃社兄先生淞园吊影图》,《申报》1922年6月8日,第18版。

这类的热肠，才给了我继续生活下去的希望，才能活到如今。[1]

周瘦鹃在朋友交往中显现出的"家庭型"特质，使得他的朋友常常能感受到家一般的温暖。据俞文英的回忆，周瘦鹃的一个同学生活没着落，想来苏州摆饭摊谋生，跑来向他借钱，他不管自己家中正困难，甚至没钱开伙，还是先后两次借钱给他。过后他说还特地去看看他饭摊摆成了没有，摆在哪里。[2]

冲淡自然、无为而治的生活热情与艺术追求成为周瘦鹃留给家人们的宝贵财富。孙子周南从事工艺美术工作，他从祖父那里继承了将传统艺术与现代审美相结合的创作传统，曾言：从他的书中，他的紫兰小筑，他的生活点滴中时时感悟到他所走过的人生轨迹，他的故事与学问都影响了我的人生道路和价值取向。不知不觉，我做首饰设计和杂志编辑也有数十年了。祖父生前对工艺美术一往情深，在他的藏品中有不少工艺美术品，在他的书中涉猎工艺美术话题的有数篇，如刺绣、灯彩、紫砂、彩塑、檀香扇、小摆设等，他甚至还留言希望身后把骨灰装入一只杨彭年手制的竹根形紫砂花盆里。[3]周瘦鹃在芳菲小园中侍弄花草的形象也给女儿周蔷留下深刻印象：

> 我常常在入睡前看到父亲伏案写文章，待到晨光初绽时，睁开惺忪的眼睛，却又望到父亲的身影隐显于窗外的花木丛中，搬盆、浇水、松土、捉虫、拔草、制作……有时为了构思一个盆景的布局，或缚扎成态，忽而修枝整形，忽而凝视沉思，那怕是盆景中的一块拳石、一丛芳草，都凝结了父亲的一片心血。[4]

儿子周铮深得父亲盆景艺术真传。1937 年逃难途中，寄居荒野的周瘦鹃找到一只长方形的紫沙浅盆，向邻家借了一株绿萼梅，再向山中掘得稚松小竹各一，合栽一盆，结成了岁寒三友盆景，给他做帮手的就是周铮。[5]周瘦鹃只要去上海，几乎都会去看看周铮经营的盆景园。周瘦鹃去世后，夫人俞文英率子女决定将家中盆景送到园林局，保全了周家的盆

---

[1] 王染野：《周瘦鹃与梅兰芳书画诗文因缘》，《民主》1990 年第 6 期。
[2] 王之平：《周瘦鹃迹踪寻访记》，《上海戏剧》1997 年第 3 期。
[3] 周南：《回忆祖父周瘦鹃》，《新民周刊》2016 年第 1 期。
[4] 周蔷：《爱花总是为花痴：回忆父亲周瘦鹃》，《中国花卉盆景》1987 年第 1 期。
[5] 周瘦鹃：《岁朝清供》，载范伯群主编《周瘦鹃文集：散文卷》，文汇出版社，2011，第 129 页。

景。周瘦鹃主编的《乐观》上每期都刊登周铮著的园艺文章,依次为《冬季的园艺作业》《秋季的园艺作业》《盛夏流行的蔬果》《岁朝清供》《庭园秋色》《夏季的园艺作业》《夏之晨的花市》《新梅谱》《儿童园艺与良好公民》《春季的园艺作业》《梅花小简》。周铮在文章中普及了园艺知识:木本的落叶树木,到冬天都可行修剪,因为在这时期内,生长停止,而且落叶后,工作较为便利(《冬季的园艺作业》);还介绍了栽培技法:分株就是在母株花谢后而茎叶枯时,根旁发生多数的幼苗,俗名"脚芽",一一取出而种在盆中(《庭园秋色》)。周铮的文字朴实轻快,生动传神,颇有乃父之风:寒风怒吼,雪花狂飘,把地面上装饰成一片银白的世界,冰冻成一层坚实的地壳(《冬季的园艺作业》);一阵秋风秋雨,打落了无数的黄叶,无情地把它们埋葬在泥土之中,而使飘零的叶片重又投入了它们母干的怀抱之中,克享中秋团聚的乐趣,因此它们倒反感激秋风秋雨的无情(《庭园秋色》)。介绍茄子时,周铮引用古籍:北墅抱瓮录上谓:茄子大小不一种,煮食甚甜滑,腌制糟酱,无所不宜,色紫而泽,昔人美其名曰昆仑茄(《盛夏流行的蔬果》)。恰到好处地引经据典,契合时令地娓娓道来,体现出较高的文学素养。新中国成立后周瘦鹃还和周铮合著了《园艺杂谈》(图8)。周铮在园艺、编辑、写作诸多方面继承父亲多才多艺、术有专攻的优点,只可惜英年早逝,天妒英才。

图8　周瘦鹃与周铮合著《园艺杂谈》

家人眼中的周瘦鹃不只是文艺界呼风唤雨的编辑圣手、文坛达人,还是热爱生活、痴迷园艺、慈爱有加、风趣幽默的长辈。周瘦鹃的育儿态度与他的创作风格颇为类似:既认真也洒脱,既严格也变通。他尊重孩子们的个性和喜好,也尽力帮助他们成长。他曾托胡山源为儿子周莲开具一张初中毕业证书以便投考海军，但未能如愿，胡山源多年以后还撰文称"我向他道歉，他的幼子周莲投考海军，他要我出一张初中毕业的证书，我因那时校政已由教职员共同负责，未能如他所愿，因为周莲是没有毕业的"[1]，体现出周瘦鹃对子女心心念念的眷顾。新中国成立后，擅长厨艺的女儿周梅延续了周瘦鹃启领的夫妻互爱、长幼互亲的家族传统，经常在春节期间邀父亲来家，为他烧"香糟扣肉"，周瘦鹃欣喜赞道："入口即化"，"香而不腻"[2]。孙子周南则接过苏派盆景艺术的接力棒，以祖父梅桩盆景《鹤舞》为原型创作了"珍宝镶嵌版"盆景，复现出苏派盆景的昔日荣光，他诚惶诚恐地表示："我只是想向他老人家汇报一下自己多年来在工艺美术圈内也或多或少浸染到一缕气味，并试图在传统与当代链接上作点尝试，也企图去印证二十年前谢孝思先生的赠言：'润先人之沃壤，发艺苑之新葩'。"[3]，由此可见周瘦鹃的艺术观、生活观、交往观对后人产生的难以磨灭的影响。

民国时期是社会转型和家庭结构发生变化的时期。家庭里究竟是以宗法来维持威严，还是以爱来维系和睦，周瘦鹃选择了后者。平权化的家庭关系和扁平化的家庭结构生发出了周瘦鹃的家本意识。家文化是家庭教育的基础，中华民族自古有家训、家风和家文化。有什么样的家文化，就会教育出什么样的子女和后人，天下之本在国，国之本在家，家之本在身。周瘦鹃对妻子的态度、对子女的教育、对家庭未来的规划既继承了重视家教与家风的中华优秀家文化，也吸收了包容、开放、创新的现代化的元素，既在某种程度上由于家庭结构的变化接受了西方的家庭观念，也由于传统"家"文化的影响，并没有表现出对旧家庭观念的批判。他将家本意识、家和理念贯穿于家庭生活实践中，在推动"以家为本""家庭至上"的传统观念向"以人为本""个人和家庭兼顾"的现代观念[4]转变上做出贡献。

---

[1] 胡山源：《周瘦鹃》，《湖南文学》2007年第11期。
[2] 李为民：《"紫兰小筑"的回忆：纪念周瘦鹃诞生110周年》，《中国花卉盆景》2005年第5期。
[3] 周南：《回忆祖父周瘦鹃》，《新民周刊》2016年第1期。
[4] 丁文：《论文化转型中家庭观念的变革》，《江苏社会科学》2001年第2期。

第三章 勤勉通达 以美超越：职业生活美学

广义上的"职业"就是指进行社会分工的积极参与，运用一定的基础知识和实践技能，为社会所带来的无论是精神层面还是物质层面的财富，并从中获得自己应得的报酬，作为个人物质生活的来源，并且在整个过程中又能够满足个人精神需求的工作。[1] 职业美学包括职业态度、职业技能、职业理念等，它来源于人的价值实现后和理想达成后得到的满足感和自豪感。王春雨认为职业美学体现在恒久之美、昂扬之美、气韵之美和意境之美上。第一，宁静坚定的恒久之美，这一职业审美形态的外在表现形式主要有对事业的忠诚，对所做工作的坚持和执着，人们在这种审美形态中产生的审美感受是愉悦的、恬静的、安详的、和谐的。第二，攻坚克难的昂扬之美。在应对这些困难、解决这些困难中产生的审美愉悦。第三，家国天下的气韵之美。正确的家国情怀及由此产生的审美体验构成了职业生活的气韵之美。第四，宇宙人生的意境之美。真正把职业内化为生活的一部分，使其与我们的生活融为一个有机的整体。[2] 这四种美比较完整地概括了职业美学的不同维度。

周瘦鹃在上海出生、工作、写作与生活，深受上海的职业文化和契约精神的浸染。葛剑雄指出："上海的职业道德、契约精神来源于中华文化、江南文化中的优良传统——重信承诺，答应的事情一定会做到。一方面，因为江南商业繁荣、服务行业发达，市民文化、城市文化发展迅速，较早形成了行会、社团等组织，在这些组织内讲规矩、讲契约、讲合同已成为传统；另一方面就是文化层次比较高，这是市民文化中很大的优势。这批人到上海接触到西方现代契约原则，再加上租界里有比较完善的管理制度，跟西方商业精神、职业道德、管理模式结合起来，形成上海良好的契约精神和职业道德。"[3] 周瘦鹃在职业作风上，勤奋刻苦，态度认真，说到做到，忠于职守。在职业方法上，借助渠道拓展人脉，利用时机提升技能。在职业精神上，在工作中融合"美"的魅力，彰显"美"的力量。他的认真工作的态度、灵活变通的理念与超越性的美的追求为当代人提供了纾解内心焦虑，平衡职业与生活的合适范本。

[1] 任乐然：《〈生活〉周刊（1925—1933年）与民国时期的职业审美教育》，硕士学位论文，东北师范大学，2015，第3页。
[2] 王春雨：《职业审美形态与职业生活》，《光明日报》2015年10月3日，第8版。
[3] 葛剑雄：《海派文化：为母体江南文化打开新空间》，《环球人文地理》2020年10期。

第一节　勤勉敬业的工作态度

图9　摩登周瘦鹃

年轻时的周瘦鹃相貌俊秀,"貌韶秀,殊勿称其年"[1],着装也比较时髦,在一张画家丁悚所作的素描中(图9),周瘦鹃穿上西装,打上领结,墨镜也换上了带长链子的时髦眼镜,说明他按照报人职业形象要求调整了自己的着装习惯。职业形象是职业信念、职业认知、职业态度的外化显现[2],20世纪20、30年代处于职场上升期的周瘦鹃通过西装革履的服饰语言表达出对报人职业的尊重和积极进取的工作态度。

面对各种新鲜事物层出不穷、各种观念层见叠出、各色人等纷至沓来的工作场景,周瘦鹃以大胆尝试、巧于借鉴、主动适应的态度拓展职业上升所需的人脉资源,获取写作所需的时新素材。如他将"摄影"视角用在《对邻的小楼》的写作中,创造了一种"现代"笔法:"对邻有一宅一上一下的屋子……于是把他们那个小楼,像陈平分肉一般,平平均均地划分为二,自己住了后半楼,把前半楼出租。至于那前半楼的面积,虽不致像豆腐干那么小,却也只够放一张床铺、一张桌子和一二把椅子了。我瞧着那半角小楼,总说这是半壁江山的小朝廷。"[3]李欧梵认为此有希区柯克电影《后窗》的风

---

[1] 许廑父:《周瘦鹃》,《小说日报》1923年1月1日,第7版。
[2] 秦启文:《形象学导论》,社会科学文献出版社,2014,第4页。
[3] 瘦鹃:《对邻的小楼》,《半月》1924年第15期。

格,和当时看电影有关系[1]。周瘦鹃还将时新货——留声机写进了《留声机片零话》:

> 百代有英曲"迢遥铁柏来"一片,在西方甚普通,妇孺多能上口。吾子小鹃,颇喜听此曲,每好学舌唱"哈罗哈罗"焉……去岁置一留声机,偶有感触,遂草一短篇小说曰《留声机》,回肠荡气,有不能自已者。中言一青年,失意情场……临死,以遗言制为留声机片,寄其情人于故国……吾友丁悚……子丁聪……系留声机迷,一日不听,即恺恺不乐,日必奔走于百代之门,多所尽力。予每置新片,亦必请教于悚,以定去取,尝戏称之为"留声机片顾问"云。[2]

这种将现代生活方式融入写作职业的做法符合福柯对生活和艺术关系的解释:艺术的源泉来自生活实践,生活是艺术创作的本源。生活主动与艺术对话,艺术也变为对生活排解的出口。[3]

周瘦鹃在职业写作中赓续了中华优秀传统文化秉持敬业乐群、业以济世的奉献精神和社会理想。20 世纪 20 年代到 30 年代的十几年中是周瘦鹃工作极为繁忙之时,几乎撑起了上海市民大众文坛的半天[4]。他为各大报刊写稿,做主编、编剧甚至公司董事,事业风生水起。从 1911 年到 1931 年间,小说周刊《礼拜六》和《小说画报》每期皆登载他一篇小说。他在《礼拜六》《申报·自由谈》《游戏世界》《半月》《良友》等报刊担任主要编辑,主编《紫罗兰》杂志,编辑十多种书籍。许廑父在《周瘦鹃》中写得十分详细:

> 瘦鹃吴门人,六岁丧父,家贫甚,壁立如洗。母以贤孝著于一乡,尤善女红,赖十指所入,支持家用,亦殆矣。然瘦鹃卒赖以成立,先后毕业养正、储实、民立各学校,为苦学生焉。年十七,始为小说家言。会当新剧萌芽时代,而瘦鹃出其新意,假暑期成爱之花剧本,售之商务小说月报,得十六金以补家用,数虽微,自母氏视之,虽巨富不啻矣。自此瘦鹃益信小说之文,可售以谋生,遂竭其心血才力,专

---

[1] 李欧梵、罗岗:《视觉文化·历史记忆·中国经验》,《天涯》2004 年第 2 期。
[2] 瘦鹃:《留声机片零话》,《紫兰花片》1922 年第 1 期。
[3] 张洪倩:《生活美学与实践智慧:福柯美学思想研究》,硕士学位论文,黑龙江大学,2018,第 40 页。
[4] 范伯群:《名编周瘦鹃的标新立异精神》,《苏州教育学院学报》2011 年第 2 期。

注于稗文野史。性奇慧，富理想，其所为文，清灵秀丽，不见些少窒滞。状社会人事，能刻画入微，每一编出，不崇朝而万人争购，数月之后，版且再三矣。"[1]

周瘦鹃在申报馆的工作极为繁重，每天早上5点就来到报馆开始一天的工作，他主要负责《申报》自由谈副刊的编辑工作，每天有数十封投稿信在那里等着他一封封剪开来审阅，"先就有几十封信，在那里等著我，一阵子剪刀声中，一封封的把来开膛破肚"，"自由谈每天约需四五千字，但是投到的稿件，竟有超过十倍以上的"，尽管审稿工作量很大，但周瘦鹃认真审阅每篇来稿，他审稿有两个标准，一是"有意味"，也就是具有一定思想性和趣味性的文字，二是"字句通顺"，他的做法是"把有意味而斐然可诵的采用了，把意味较少而字句通顺的暂留。此外字句次通而又毫无意味的，那对不起，只索请它们到字纸篓中去了"[2]，可见他编辑的作品并不像有些"五四作家"批评的那样的"艳词滥调""低俗不堪"，反而是具有一定品味与质量的。尽管周瘦鹃深感疲倦，屡露退隐之意，但他仍兢兢业业做好手头文字工作。

这种热爱写作、勤勉敬业的作风深深影响了他的后人们。新中国成立后，周瘦鹃曾应香港《文汇报》约稿写了不少文章，都被女儿周瑛细心搜集下来寄给父亲。周瑛在附信中说："一连读了父亲的几篇文章，心中非常高兴，又觉得万分光荣，因为我有一位伟大的父亲。"周瘦鹃拆开这封鼓鼓的信件之前都还不知里面是什么东西，他在《姑苏书简》里回忆道："这封信饱鼓鼓沉甸甸的，可是什么玩意儿啊？也许是给你小妹妹们寄包糖的花纸来了吧！忙不迭地拆开一看；呀，不是不是！原来是把我最近登在报上的几篇文章全都剪下寄回来了。我先前曾经说过：如果自己写的文章寄到外地去而不再见面，那就好像是嫁出的女儿断了娘家路，不由不牵肠挂肚地惦记着。难为你这份好心眼儿，今天让我爹儿们重又见面了。"[3]女儿周全（图10）对父亲勤勉伏案、笔耕不辍的景象印象深刻："在我幼年的记忆中，父亲总是有忙不完的工作……每到

[1] 许廑父：《周瘦鹃》，《小说月报》1923年1月1日，第7版。
[2] 周瘦鹃：《我与报纸副刊》，《报学月刊》1929年5月19日创刊号。
[3] 周瘦鹃：《姑苏书简》，新华出版社，1995，第82页。

晚上总在灯下不停地写。"[1]她为了整理周瘦鹃的著作资料，走访了与父亲或者母亲有过交往的许多人，坚持努力地去收集一切跟父亲有关的东西，她在《周瘦鹃文集》出版的后记说道："我作为父亲最小的女儿……我要告慰于九泉之下的父亲和母亲，在女儿的努力下已经完成了此项'工程'。记得父亲在他一篇文章中曾套用宋代著名诗人陆游的《示儿》一诗，我也就将它抄在这里作为此文的结束：'他年大业完成后，家

图 10　周瘦鹃与女儿周全

祭无忘告乃翁。'"[2]周瘦鹃勤奋认真的职业精神对家庭成员带来的深广影响不言而喻。

　　周瘦鹃本着勤奋认真的职业态度创作的文学作品，却被一些"五四作家"冠以"恶趣味"的评价。《新青年》、文学研究会、左翼文人期刊都加入狠批鸳鸯蝴蝶派作家的战团。1914年程公达在《学生杂志》第一卷第六期上撰文《论艳情小说》，对当时风行的鸳蝴言情小说予以指责："近来中国之文士，多从事于艳情小说，加意描写，尽相穷形，以放荡为风流，以佻达为名士"，"纤巧之语、淫秽之词，虽锦章耀目，华文悦耳，有蔑礼仪伤廉耻而已"[3]。梁启超则在《中华小说界》上发文《告小说家》一篇，表达了他对以鸳蝴为主潮的小说界的不满和失望，以为整个文坛人惨不忍睹，作品遗祸青年："其什九则诲盗与诲淫而已，或则尖酸轻薄毫无取义之游戏文也，于以煽诱举国青年子弟，使其桀黠者濡染于险诐钩距作奸犯科，而摹拟某种侦探小说中之一节目。其柔靡者浸淫于目成魂与窬墙钻穴，而自比于某种艳情小说之主人翁，于是其思想习于污贱龌龊，其行谊习于邪曲放荡，其言论习于诡随尖刻。"[4]

---

[1]　周瘦鹃：《姑苏书简》，新华出版社，1995，第303页。
[2]　周全：《后记》，载范伯群主编《周瘦鹃文集：杂俎卷》，文汇出版社，2011，第514页。
[3]　陈平原、夏晓虹：《二十世纪中国小说理论资料》，北京大学出版社，1989，第480页。
[4]　陈平原、夏晓虹：《二十世纪中国小说理论资料》，北京大学出版社，1989，第511页。

1916 年李大钊在《〈晨钟〉之使命》一文中提出：以视吾之文坛，堕落于男女兽欲之鬼窟，而罔克自拔，柔靡艳丽，驱青年于妇人醇酒之中者，盖有人禽之殊，天渊之别矣。他认为鸳蝴小说与新民的国家理想完全背道而驰。钱玄同发表在《新青年》六卷一号上（1919）的文章《"黑幕"书》第一次明确提出了"鸳鸯蝴蝶派"的名称，认为这些文类之所以甚嚣尘上，是与袁世凯的专政、复辟潮流脱不了干系的："清末亡时，国人尚有革新之思想，到了民国成立，反来提倡复古，袁政府以此愚民，国民不但不反抗，还要来推波助澜，我真不解彼等是何居心。"[1]胡适冷言冷语道："《海上繁华梦》与《九尾龟》所以能风行一时，正因为他们都只刚刚够得上'嫖界指南'的资格，而都没有文学的价值，都没有深刻的见解，与深刻的描写，这些书都只是供一般读者消遣的书，读时无所用心，读过毫无余味。"[2]

1935 年 10 月，郑振铎在《〈中国新文学大系·文学论争集〉导言》里明确地说：鸳鸯蝴蝶派的大本营是在上海。他们对于文学的态度，完全是抱着游戏的态度的。那时盛行着的"集锦小说"——即一人写一段，集合十余人写成一篇的小说——便是最好的一个例子。他们对于人生也便是抱着这样的游戏态度的。他们对于国家大事乃至小小的琐事，全是以冷嘲的态度出之。他们没有一点的热情，没有一点的同情心。只是迎合着当时社会的一时的下流嗜好，在喋喋的闲谈着，在装小丑，说笑话，在写着大量的黑幕小说，以及鸳鸯蝴蝶派的小说来维持他们的"花天酒地"的颓废的生活。几有不知"人间何世"的样子，恰和林琴南辈的道貌岸然是相反。有人谥之曰"文丐"，实在不是委屈了他们。[3]

这些批评对鸳鸯蝴蝶派"声声紧逼"，身为代表的周瘦鹃自然难避其锋。

周瘦鹃的文字不但不俗，甚至可说渗透雅致之气。蒋霄就指出："尽管周瘦鹃的部分文学创作在内容上与昆曲的联系不大，但它们的传情达意都与昆曲艺术一脉相承，并不断地渗透进他的创作中。"[4]周瘦鹃的文学语

---

[1] 周月峰：《新青年通信集》，福建教育出版社，2016，第 435 页。
[2] 阿英：《晚清小说史》，江苏凤凰文艺出版社，2017，第 230 页。
[3] 蔡元培：《〈中国新文学大系〉导言集》，贵州教育出版社，2014，第 83 页。
[4] 蒋霄：《试谈昆曲艺术对苏州现当代文学创作的影响：以周瘦鹃创作作为考察中心》，《文教资料》2016 年第 3 期。

言十分优美，骈四俪六，刻翠雕红，哀感顽艳，形成了辞章华美、堆砌辞藻、多愁善感的特征，将言情小说对形式美的追求推向极端。陈建华指出周瘦鹃的文字体现了"回归抒情传统"的努力，这种抒情的传统和戏曲有类似之处，即外物经过情感的熔铸，在"情景逼真"中再现，旨在唤起情绪的反应。[1]周瘦鹃曾在《说觚》一文中谈过"做小说"的艺术：

> 小说之足以动人，世之人咸公认之矣。予生而多感，好为哀情小说，笔到泪随，凄入心脾。以是每造孽于无形之中，今虽欲忏之，已苦不及矣……作小说非难事也，多看中西名家之作，即登堂入室之阶梯。一得好材料，便可著笔矣。吾人欲得资料，事亦非难，但须留意社会中一切物状，一切琐事，略为点染，少加穿插，更以生动之笔描写之，则一篇脱稿，未始不成名作。[2]

由此可见他严谨用心的写作态度。范伯群提到在当时文坛有一个良性海派和恶性海派的问题[3]，显而易见，他的小说属于"良性"海派。这个"良性"源于他的重勤勉、求质量的职业理念。

---

[1] 陈建华：《"诗的小说"与抒情传统的回归：周瘦鹃在〈紫罗兰〉中的小说创作》，《苏州教育学院学报》2011年第2期。

[2] 芮和师、范伯群、郑学弢等：《鸳鸯蝴蝶派文学资料》，福建人民出版社，1984，第46-47页。

[3] 范伯群、刘小源：《冯梦龙们—鸳鸯蝴蝶派—网络类型小说：中国古今"市民大众文学链"》，《中山大学学报》（社会科学版）2013年第6期。

第二节 圆融通达的学习意识

江南文化自古以来就不断地吸收、融合其他区域文化。兼容并包,开放善纳,是江南文化最具优势的特质之一,"早在勾吴发端时期,这种文化就显示出善于接纳异质文化的端倪,这从泰伯、仲雍兄弟南奔吴地,得到当地土著拥戴而创立勾吴的史实可以得到印证,也开启了江南文化打破封闭、开放善纳的先河。此后,在越灭吴、楚灭越的国家兼并重组中,这一地域文化互相融合、吸纳、交汇,内涵不断得到丰富"[1]。耶鲁大学教授托马斯·博格曾指出:江南人能够开放包容各种生活方式,并愿意从中尝试、学习新的生活方式,吸收其他区域的优秀文化,这充分来源于江南人的文化自信。[2]周瘦鹃接受了传统文化教育,但对西方文化也不排斥。1927年,他邀请海上交际界名媛唐瑛到他位于西门蓬莱路何家弄的"紫罗兰庵"做客,黄梅生为之拍照(图11)。从照片中可以清晰地看见唐瑛背后的一座西方人物石雕雕像,这是周瘦鹃收藏的"捷克名家高祺氏所造像",他家中还有其他两座雕像,分别为"意大利石像"和"法兰西小牙像",周瘦鹃称这些雕像皆"予之所爱也"[3]。这种对西方文化的接受与包容表现在职业态度

图11 唐瑛在紫罗兰庵

---

[1] 庄若江:《江南文化的精神内涵及其时代价值》,《江苏地方志》2021年第1期。
[2] 范利伟:《聚焦江南文化传承发展》,《中国社会科学报》2018年12月12日,第2版。
[3] 瘦鹃:《紫罗兰庵小宴记》,《紫罗兰》1927年第19期。

上就是善于捕捉新的职业机会。20世纪40年代，银都广告公司总经理林振浚托周瘦鹃旧友孙芹阶邀请周瘦鹃主编《紫罗兰》：

> 谁知过了三天，孙先生忽地来一个电话，说林先生明天奉约上银行俱乐部去吃中饭，大家谈谈紫罗兰的事，我将信将疑地答允了。第二天中午，我又将信将疑地赶往银行俱乐部去，以为物力维艰，林先生未必有这办杂志的勇气吧。到了那里，见林、孙二先生和另外两位客都已在座，经过了介绍，才知一位是林先生的介弟振商先生，一位是林先生的同事卢少轩先生，也是广告界两员能征惯战的骁将。
>
> 林先生不待我开口动问，先就把一份双方合作的草约和一本空白的杂志样本，献宝似的献了过来，并且连封面上的一丛紫罗兰也画好了，紫的花，绿的叶，红的字，生香活色的，似乎在对着我笑。我不觉愣了一愣，将信将疑地问道："怎么说！难道你真的要办紫罗兰么？"林先生打着一口福建音的上海白，毅然答道："当然要办，为什么不办？"我忙道："在这纸价飞涨，工价激增的当儿，我的勇气已打了倒七折，难道你倒有这十足的勇气么？"林先生笑道："怎么不是！人家可以办下去，我们为甚么不能办？好在我这里有左辅右弼，分头出马，对于广告发行等事，都有相当把握。只要你肯撑起铁肩，独挑这副编辑的重担，那就再好没有，别的倒不用你担心。"我听了这样切实的话，立时放下了一大半心，欣然答道："既有你们三剑客同心协力，我的勇气也就来了。好！我们合伙儿来干，干，埋头苦干！"孙先生也在一旁打边鼓，把乐观的话鼓励着我，倒像反串了一下桴鼓助战的梁红玉。[1]

其中谈及的《紫罗兰》是周瘦鹃避难回沪后编辑的新刊物。于觥筹交错间洽谈业务是他的工作常态，也锤锻了他圆融通达的社会交往艺术。周瘦鹃看中是觥筹交错背后的职场良机。彼时的上海是中西美食汇聚之城。至抗战前，西菜咖啡馆共有200多家，西餐成为周瘦鹃应酬交往常啖之食。谭雅声的夫人请周瘦鹃吃过西餐，"殷勤招待，以西餐相饷，鸡龟蛎黄与番茄意大利面，都是绝好的风味。同席有宋春舫昆仲，江小鹣君、陶润之君、张幼仪女士"[2]。周瘦鹃也吃过俄菜。1927年12月，《新闻报》记

---

[1] 瘦鹃：《写在紫罗兰前头（一）》，《紫罗兰》1943年第1期。
[2] 鹃：《颇可纪念的一天》，《上海画报》1927年12月21日，第3版。

者潘竞民请周瘦鹃去哈尔滨俄菜馆吃饭，周瘦鹃带了胡凤君一同前往。晚饭后一起去卡尔登看时装表演。[1]20世纪40年代初，周瘦鹃从安徽回到上海，应友之邀去歌舞厅消遣，"喝啤酒，啜咖啡，听碧眼胡儿们的歌乐，看红男绿女们的跳舞。我坐着，坐着，好久好久的坐下去，把我整个的身心，都沉浸在美和愉快的氛围中"[2]。上海名西餐馆"倚红楼"也是周瘦鹃常去之所，"换片第一日，辄偕李常觉、陈小蝶、丁慕琴诸君先就倚红楼聚餐，餐罢则往爱伦观新片，习以为常"[3]。周瘦鹃在纪念毕倚虹的文章就提到了"倚红楼"：

> 倚虹二字，与海上名西餐馆倚红楼不谋而合。朋友每与之谑，谓为君设也。偶与君数日不晤，一日见之，因戏问曰："日来贵楼生涯如何？座客常满否？"而君亦故作扭谦曰："托福，托福，尚过得去。"因相与嗢噱。平昔君每进西餐，辄在斯楼，即予亦老主顾之一。[4]

周瘦鹃虽以中文写作著称，但翻译成就同样斐然。他翻译了大量外国文学作品。王钝根为《欧美名家短篇小说丛刊》（图12）写序称：瘦鹃之小说以译者为多。[5]据肖爱云的统计，周瘦鹃在《礼拜六》发表翻译小说66篇。[6]周瘦鹃的英语能力从何而来呢？20世纪20年代初，在上海初、

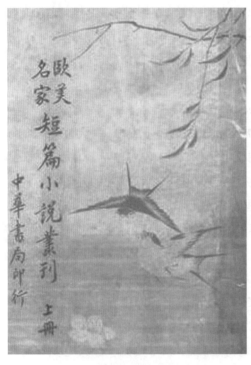

图12 《欧美名家短篇小说丛刊》

---

[1] 瘦鹃：《吃看并记（三）》，《上海画报》1927年12月27日，第3版。
[2] 周瘦鹃：《歌舞韵语》，《乐观》1941年第3期。
[3] 徐耻痕：《中国影戏大观》，合作出版社，1927，第28页。
[4] 瘦鹃：《倚虹忆语》，《紫罗兰》1926年第13期。
[5] 范烟桥：《民国旧派小说史略》，载范伯群编《鸳鸯蝴蝶：〈礼拜六〉派作品选》（下），人民文学出版社，1991，第229-231页。
[6] 肖爱云：《被历史遮蔽的一种：周瘦鹃及其翻译小说》，《陕西教育学院学报》2008年第1期。

中等学校中的主要课程设置中，上海甲种实业学校酌加外语课程的校（科）数比例达40%，乙种实业学校则高达100%，[1]这为他的英语学习提供了很好的机会。周瘦鹃16岁那年考取以英文功底扎实著称的上海名校——民立中学。就读期间，他广泛阅读外国名著，并尝试写小说和翻译一些欧美名家的作品。然而在毕业临考之际，他生了一场大病，无法参加毕业考试，但校方考虑到他平时成绩优秀，除了发给毕业证书，还聘他担任英文老师："苏校长留我在本校教预科一年级的英文，给了我一只饭碗。"[2]

从事编辑工作后，周瘦鹃依靠主编杂志之便接触了不少英文杂志。这一时期在西书肆（出售旧西书的书店）、新式学校的藏书室、出版机构的图书馆、城市的旧书摊、近代都市人的家庭中，域外杂志的身影已常常出现。[3-6]在这些域外杂志中有着许多可资借鉴的小说"资源"，如英国的《庇亚生杂志》（The Pearson's Magazine）、《海滨杂志》（The Strand Magazine）、美国的《礼拜六晚邮报》（The Saturday Evening Post）、《大都会杂志》（The Cosmopolitan Magazine）、《妇女之家杂志》（The Ladies' Home Journal）等都是销量大、历史久的大众流行杂志，有丰富而成功的办刊经验，周瘦鹃肯定能看到。[7]一个证据是他编《礼拜六》就有很多地方借鉴了英文杂志的编辑运营特点，如《礼拜六》第52期，在翻译小说《同归于尽》前有译者按语：见于1909年英国《庇亚生杂志》耶稣复活节大增刊，为英文。《礼拜六》第71期，履病、九成合译的俄国小说《鬼影》里提到：英国《海滨杂志》记者按云，俄文家伊万杜及内甫（即伊万·谢尔盖耶维奇·屠格涅夫），善著写实小说，为世界第一。周瘦鹃作为主编不可能不接触到这些英文杂志，甚至可以说是得主编之便，要比一般人更多

---

[1] 张仲礼：《近代上海城市研究1840—1949年》，上海文艺出版社，2008，802-803页。
[2] 周瘦鹃：《姑苏书简》，新华出版社，1995，第54页。
[3] 王智毅：《周瘦鹃研究资料》，天津人民出版社，1993，第12页。
[4] 芮和师、范伯群、郑学弢等：《鸳鸯蝴蝶派文学资料》，福建人民出版社，1984，第312页。
[5] 林语堂：《从异教徒到基督徒：林语堂自传》，陕西师范大学出版社，2007，第230页。
[6] 茅盾：《商务印书馆编译所生活之二》，载人民文学出版社《新文学史料》丛刊编辑组编《新文学史料》（第2辑），人民文学出版社，1979，第46、51页。
[7] 黄丽珍：《鸳鸯蝴蝶派与域外流行杂志：以〈礼拜六〉为中心的考察》，《东岳论丛》2013年第6期。

的接触和学习这些英文杂志。[1]他自己也承认:"欧陆弱小民族国家的作品,我也欢喜,经常在各种英文杂志中尽力搜罗。"[2]他翻译的高尔基的短篇小说《大义》就来自于一本英文杂志。

周瘦鹃取得了不俗的翻译成就,但并不意味着他的英文特别好。时任社会教育司科长的鲁迅这样评价周瘦鹃的英文翻译水平:"惟诸篇似因陆续登载杂志,故体例未能统一。命题造语,又系用本国成语,原本固未尝有此,未免不诚。"[3]这说明他的英文还有较大的提升空间。为了学好英语,周瘦鹃下过苦功夫。他从小就有"要争气,要立志向上",一辈子"向上爬"的想法[4],在英语学习上也不甘落在人后。为了强化英语思维,他还给自己取了英文名字 Eric Chow。他身边不少朋友就从事着翻译工作,他们被称为"报人翻译家"[5],这对他的英语学习有着一定的激励作用。他还专门向精通英语的胡适求教,作两小时的长谈[6],谈话中,胡适和他就如何翻译作品做了认真探讨。八年后,作为这场谈话的一个产物,大东书局出版了周瘦鹃苦心孤诣翻译出的《世界名家短篇小说集》。由此可见,周瘦鹃的英文水平的提高与他敏而好学、不耻下问的职业态度有着密切关系,真正体现出江南文化"务实济世"的理念,"反对蹈虚凿空,主张学求实用"[7]。

图13 周瘦鹃代言钢笔广告

周瘦鹃的职业态度灵活变通,职业经历丰富多彩。他写过小说;编过杂志;代言过钢笔(图13),如担任家庭工业社的股东兼广告宣传顾问;从事过电影编剧,是

[1] 王智毅:《周瘦鹃研究资料》,天津人民出版社,1993,254页。
[2] 郑逸梅:《鲁迅嘉奖的〈欧美名家短篇小说丛刊〉》,载《书报话旧》,学林出版社,1983,第53页。
[3] 鲁迅大辞典编纂组:《鲁迅佚文集》,四川人民出版社,1979,第336页。
[4] 周瘦鹃:《姑苏书简》,新华出版社,1995,第53页。
[5] 汤霞:《晚清报人翻译家研究——以包天笑为例》,《开封教育学院学报》2019年第4期。
[6] 瘦鹃:《胡适之先生谈片》,《上海画报》1928年10月27日,第2版。
[7] 胡发贵:《江南文化的精神特质》,《江南论坛》2012年第11期。

早期第一代中国电影人；成了陆小曼开的上海云裳服装公司的董事；受邀出席了不少商业机构的营销活动，如一家名叫"雪园"的饭馆举行元宵抽奖营销活动，开出的头彩是华安合叶保济公司分红储蓄部存折大洋六十元，二彩是真皮女手提包一只价值四十五元，三彩是美丽大洋团团一个，周瘦鹃亲自监视开奖。据《申报》1929 年 11 月 4 日的报道，他还参加了鹦鹉乐社的颁奖活动：

> 鹦鹉乐社为海上有名之音乐组合，服务社会，三载于兹，成绩斐然。十一月二日，午后五时，特举行三周纪念乔装茶舞会于北四川路新乐跳舞场，来宾趋趋跄跄，达二千余人……场中由该社执行委员何超千，何兆伟，夏佛隐诸君主持一切，社员多乔装，光怪陆离，不可方物。女有装作新嫁娘，俄女与檀香山舞女者，男有装作张嘉祥，巴黎浪人及粤剧中，武生小丑者，面部俱蒙黑色面具，不见庐山真面。舞客或乔装或本装，不一其状，电影明星胡蝶与其未嫁夫林雪怀君共舞其间，各蒙特制面具，并口鼻亦不之见。阮玲玉、谭雪蓉亦参偕男友伴舞，历久不倦，节目有钢琴独奏，曼陀会独奏，却尔斯登单人舞等，并皆佳妙，末由执行委员请来周瘦鹃、胡伯翔、郎静山三君评判乔装中最优美之男女各一。三君周览商略之余，即评定巴黎浪人的男子锦标，檀山舞女的女子锦标，由周瘦鹃君给奖。一时欢呼声鼓掌声大作，已而乐声复起，彩球乱飞，诸舞侣复轩轩起舞，及散会，已八时许矣。[1]

周瘦鹃的职业领域丰富多彩，职业态度圆融通达，所以他才如此了解市民生活与洞悉市民心理，他领衔的市民大众文学才能赢得大多数市民的认同，跻身都市流行文化行列。猛烈抨击鸳鸯蝴蝶派的"五四作家"为何对此视而不见呢？

---

[1] 清嘉：《鹦鹉欢舞记》，《申报》1929 年 11 月 4 日，第 12 版。

第三节 以美超越的审美境界

吕荧认为：美是生活本身的产物，美的决定者，美的标准，就是生活。凡是合于人的生活概念的东西，能够丰富提高人的生活，增进人的幸福的东西，就是美的东西。[1]职业无疑属于提高生活、增进福祉的"美的东西"之列。王春雨将超越性职业美学命名为"意境之美"，它是对抗职业异化、完善职业生涯、实现境界超越的美学途径。[2]周瘦鹃享受着职业带来的创造的自由和收获的快感，热爱职业，而不将之视为沉重的累赘，这就进入了超越性审美境界。20世纪初的上海，伴随着社会转型，人们心中弥散着普遍的孤独体验，周瘦鹃编辑的《礼拜六》为市民搭建了情感交流的公共平台。与前百期《礼拜六》中王钝根强调杂志具有"一编在手，万虑都忘"的效果相似，周瘦鹃认为《礼拜六》这块文字的良田上将开出最美的花来，"给看官们时时把玩"。"把玩"二字点出阅读《礼拜六》是一种消闲娱乐。读者将如欣赏美丽、芳香的花朵一样获得精神的放松和心灵的愉悦。[3]《礼拜六》成了周瘦鹃发出"在花草世界里乐以忘忧"呼吁的舞台。鉴于《礼拜六》的办刊宗旨与他的美学精神的一致性，他毫不犹豫地承认自己是《礼拜六》派。文字工作不仅给周瘦鹃带来了丰厚的稿酬，而且给他带来了富足的成就感与自信心。1917年初出版的周瘦鹃译述的《欧美名家短篇小说丛刊》是汉译文学史上的重要作品。该书共收14国47位作家小说50篇，其中白话翻译17篇，文言翻译33篇，均自英文转译。每位作者附小传，除荷兰、塞尔维亚和芬兰三国作者无小像，其余44位均附小像，一举奠定了周瘦鹃在现当代翻译文学史上的地位。包天笑为《欧美

---

[1] 吕荧：《美学问题：兼评蔡仪教授的〈新美学〉》，《文艺报》1953年第16期。
[2] 王春雨：《职业审美形态与职业生活》，《光明日报》2015年10月3日，第8版。
[3] 刘铁群：《〈礼拜六〉：民初市民文学期刊的代表作》，《广西师范大学学报》（哲学社会科学版）2006年第2期。

名家短篇小说丛刊》所撰之序中这样描述了周瘦鹃对该书喜不自胜的心情：

> 凡人举一业，辄自熹；工者成一器，商者营一肆，与夫文人撰一书，恒以斗酒自劳，亦瘦岛祭诗也。然而世界无尽我文字之障，亦无尽能自劳亦足乐矣。惟鹃之境不同于我，鹃为少年，鹃又为待阙鸳鸯，而鹃所辛苦一年之集成，而鹃所好合百年之侣至，而红窗灯影，绿幕炉香，隐隐有两人骈肩而坐，出其锦缃瑶函之装潢，操其美术艳情之口吻，曰："吾爱，此余之新著作也。"口讲而指画之，此得意为何如乎？故此集之成，实为鹃欢喜之。[1]

1941年5月1日，周瘦鹃受上海九福制药公司之聘编辑《乐观》（图14），在发刊词中他写道：我是一个爱美成癖的人，宇宙间一切天然的美或人为的美简直是无所不爱。所以我爱霞爱虹爱云爱月。我也爱花鸟爱虫爱山水。我也爱诗词爱书画爱金石。因为这一切的一切都是美的结晶而是有目共赏的。德国文学史上著名的

图14 《乐观》的封面

"狂飙突进运动"的代表人物席勒（Johann Christoph Friedrich von Schiller）认为："如果要把感性的人变成理性的人，唯一的路径是先使他成为美学的人。"[2] 审美能力是重要的职业能力，它不但是周瘦鹃从事职业的动力源泉，而且也是他摆脱职业焦虑、进入自由创造境地的前提。

周瘦鹃不但以风雅生活为目标，而且还推而广之在全社会营造出美学化的趣味倾向。他说自己一向爱花，尤其热爱紫罗兰，大吹大擂，时常形诸笔墨[3]，借助《紫罗兰》为载体，通过哀情文学创作和高标识度的视觉

---

[1] 胡正娟：《周瘦鹃与中华书局》，《中华读书报》2019年7月31日，第14版。
[2] 朱光潜：《西方美学史》，人民文学出版社，1963，第442页。
[3] 周瘦鹃：《姑苏书简》，新华出版社，1995，第56页。

符号的融合塑造出都会文化新样式，形成了近十年之久的紫罗兰热潮[1]。石娟认为周瘦鹃精心编辑的《紫罗兰》营造出了独特的"紫罗兰文化"，"在读者那里，伊人紫罗兰与杂志《紫罗兰》之间的边界被模糊了，《紫罗兰》成为进一步讲述鹃翁情史更多细节的媒介，伊人紫罗兰的气质、形象以及周瘦鹃的痴情均托寄于有形的《紫罗兰》身上。读者在真实与虚拟的'紫罗兰'之间来回往复，猜测、杜撰、想象并重组，'紫罗兰'就此具有了多重指向，它内部的诸多意义之间不仅互相关联，而且互相转换，从而再次生产"[2]。这使得属于周瘦鹃个人的感伤体验在大众传播过程中逐渐成为一种被公众认同并引为他们心灵代表的文化符号。1926 年底，周瘦鹃创刊《紫罗兰》杂志，继《半月》之后，仍由大东书局出版，每期有周氏的作品，其中翻译方面以介绍当代欧美作品为主。《紫罗兰》对哀情文字的推崇和周瘦鹃过于浓烈的哀情体验在打着"紫罗兰"名义的各式文本中的不断重构，引发当时公众对紫罗兰的效仿与追求，形塑出一段时期的大众审美口味。按陈建华的说法：他仍写言情小说，却展示新貌，追求抒情风格，有意回归传统。[3]在后来的一篇文章中，陈建华将这种传统解释为明清"为情而死"的语码逐步化解、融合成现代"为国牺牲"与"爱的社群"的"普世"话语。"为情而死"演化为痴心"等待"的模式衍生出流连回荡的抒情叙事。[4]据《申报》载，他的《紫罗兰》甚至得到了国外人士的青睐："瘦鹃主编之紫罗兰半月刊。内容丰富。颇受读者赞许。……据云巴黎鲁斯勃脱学校教职员白特克氏。识华文。好读古文观止。白氏除教务外。常喜浏览中国报章。尤爱紫罗兰杂志之精美。辄阅之以作消遣。每有图书展览会必贡献其中。炫示俦辈云。"[5]周瘦鹃创办的个人小杂志《紫兰花片》上，每期汇集前人词中有"银屏"二字的，辟专栏为"银屏词"，就是为周吟萍而设的。他有时也有意使用"屏周"的名称，通过符号化的

---

[1] 沈珉：《盆景意识 复义空间：周瘦鹃〈半月〉的广告艺术》，《湖北美术学院学报》2020 年第 3 期。
[2] 石娟：《"个人杂志"的"投降"：周瘦鹃与〈半月〉、〈紫兰花片〉、〈紫罗兰〉》，《新文学史料》2014 年第 2 期。
[3] 陈建华：《"诗的小说"与抒情传统的回归：周瘦鹃在〈紫罗兰〉中的小说创作》，《苏州教育学院学报》2011 年第 2 期。
[4] 陈建华：《抒情传统的上海杂交：周瘦鹃言情小说与欧美现代文学文化》，《中山大学学报》（社会科学版）2011 年第 6 期。
[5] 芮鸿初：《西人爱读紫罗兰》，《申报》1928 年 3 月 16 日，第 17 版。

方式完成对这段恋情的纪念。紫罗兰因为融入了周瘦鹃的个人恋爱记忆而逐步脱离了花卉的"能指",呈现出以张扬情感、追求自我为内涵的"所指",衍滋成为摩登都市里的流行文化景观。

伴随着《紫罗兰》的出版和周瘦鹃的个人名声的传扬,当时众多报刊上,对紫罗兰的追捧几乎已成趋势。当时不少歌星、舞星"蹭流量"自称"紫罗兰",周瘦鹃也跻身其中,推波助澜,更激起社会上下对"紫罗兰"的人文意义的关注。如广东歌舞明星"紫罗兰"来上海表演时大宴宾客,还专门邀请周瘦鹃参加,一次是1928年10月14日,紫罗兰在新新酒楼宴请新闻界,周瘦鹃在会上致词欢迎:

> 今天紫罗兰女士在这里宴请同业诸君,承诸君惠然肯来,非常荣幸。紫罗兰本是西方的花。考希腊神话,古时女神娓娜丝(司恋爱与美丽之神),有丈夫远行,娓娜丝依依惜别,眼泪掉在泥土中。明春忽在这所在开出一种紫色的花来,香艳可爱,此花就叫做紫罗兰。可是如今在提倡国货声中,似乎不必提倡这外国的花。然而在下还在二十年前,就爱上了此花,以至于我的著书之室就叫做紫罗兰庵,我自著的书就叫做紫罗兰集,我所编的杂志,也叫做紫罗兰。二十年来,我所做的文字中,也有不少紫罗兰点缀其间。近几年来,北平的名妓啊、上海的美容室啊、跳舞场啊,以至于纸烟旱烟啊,也都以紫罗兰为名,足见他们都是爱紫罗兰的。凡是爱紫罗兰的人,便是我的同志。而粤中紫罗兰女士,尤其是我的老同志,因为伊起这名儿,也有好几年了。[1]

第二次是1931年1月17日紫罗兰来上海演出,大宴宾客于金陵酒家之紫罗兰厅,周瘦鹃负责迎来送往,据《申报》报道:"瘦鹃生平酷爱紫罗兰,因花及人,亦复剧赏紫罗兰之歌舞,是晚招待宾客,跋来报往,为状至劳,而甚快,不自觉其劳也……未几入席,先由瘦鹃致介绍词,既而女士致感谢词,皆极得体。"[2]

从清纯可人的紫罗兰娘到风情万种的"名花美人"的进化正是周瘦鹃实现职业美学"意境之美"的过程,他将喜欢美、爱好美、追求美的天性注入工作中,使得他的工作告别沉闷呆滞,获得了美的魅力和力量。据有

---

[1] 瘦鹃:《兰宴》,《上海画报》1928年10月18日,第2版。
[2] 天恨:《紫罗兰宴客紫罗兰》,《申报》1931年1月19日,第11版。

心人的统计，不少人和物都以"紫罗兰"命名，除广东歌舞明星紫罗兰之外，还有上海之舞女紫罗兰、北京名妓紫罗兰等人，也有紫罗兰笺（大东书局出品）、紫罗兰香烟（华业烟公司曾登广告）、紫罗兰美容室等，加上周瘦鹃本人浓墨重彩地将紫罗兰符号运用到书室、杂志、小说集的命名中，导致"紫罗兰"成为时尚标志。从1921年袁寒云最早在《紫罗兰娘日记》一文中把《礼拜六》比作周的初恋情人紫罗兰开始，周瘦鹃借助大众传媒塑造除了满足中产阶级的甜蜜梦幻[1]的典型形象——紫罗兰，这无疑首先是一种美的化身，是他将美现实化的有益实践。范烟桥在《紫罗兰娘别记》乃仿效袁寒云之作，仍是日记体，以紫罗兰娘口吻称周瘦鹃为"郎君"，叙述两人拍拖琐事，将《半月》上发表过的作品的题目嵌入其中。[2]周寿梅的《紫罗兰娘》说：紫罗兰娘，为人间尤物。每次出游，必一换其妆束。逸梅外子尝于灯下见之，叹为绝世。又说：闻近来与小说家周子瘦鹃有密切关系。诸君如好事者，不难探其艳讯于海上也。张恨水的中篇小说《换巢鸾凤》和宋德咏的传奇小说《花梦鹃魂》也都取材这个故事。按照陈建华的观点，"这一切当然是周氏与其同人的合谋"。"紫罗兰神话"蘸染周瘦鹃的个人情趣，融古典文化与现代文化于一炉，以追求至情至爱的情感自由为鹄的，借助大众媒体的力量成为市民大众文化新形态。因此职业也成为周瘦鹃实现求美向善理想的通路，美学追求则为他的职业注入了活跃的生命力和创造力。

　　王春雨谈到价值与超越维度的职业之美时总结道："职业审美实现的可能性不仅是'两个尺度'的有机统一，更重要的是人在实践活动中全面发展了自身，实现了自身的自由，也就实现了人的超越，这种超越是物质超越和精神超越的统一，是全面超越和可持续超越的统一，所以才是美的超越，也是职业之美本身的实现。只有以人的自由超越的视域来看待职业生活和职业之美，职业生活才不是异化的、枯燥的、重复的、痛苦的，而是真实的、有趣的、全新的、快乐的。"[3]中国人的职业生活里也应有美学的"在世性登场"。当下一方面，美的职业生活成为具有合法性的普世认

---

[1] 陈建华：《殷明珠与20世纪20年代初好莱坞明星文化》，《电影艺术》2009年第6期。
[2] 范烟桥：《紫罗兰娘别记》，《半月》1922年第1期。
[3] 王春雨：《职业审美何以可能：以新时代职业生活为中心》，《东北师大学报》（哲学社会科学版）2021年第4期。

知,另一方面,职业生活的种种异化现象频出。颓丧、躺平等消极心态漫溢,为金钱或满足物欲而无视和摒弃业界良心、突破职业底线的人不知凡几。其根本原因是人们没有将职业与更高级的长远利益、社会的整体提升联系起来,职业远未成为第一需要,反而在埋怨中变成焦虑的渊薮、自由的敌人、美好生活的埋葬者。周瘦鹃的认真工作的态度、灵活变通的理念与超越性的美的追求,为当代人提供了纾解内心焦虑、平衡职业与生活的确当范本。

第四章 天人合一 遵生重道：旅游生活美学

旅游作为人的一种身心自由的有目的性的生命体验活动，是人的自我回归并体验其本真存在的一种表达方式，它体现出人基于对美的追求和企慕之上所释放出的生命对于自由的渴望与探寻。[1]旅游与美水乳难分。旅游是为了寻求某种生命体验，暂时离开惯常环境的动态生活流程，其性质是人的真正自在自为的自由的生命体验。旅游美是在旅游的动态过程中获得多姿多彩的审美体验，从而使人的心灵更加丰富、完整。旅游美学包含了两重审美境界：一度审美，指旅游资源开发时设计和建造景观美目标的追求；二度审美，指游客游览观赏中的美感冲动和情感创造。二度审美构成了旅游美学的特殊性，即居家生活中艺术审美所无法包括和不可替代的主体参与性感悟世界和宇宙的活动。[2]李泽厚将人的审美体验分为悦耳悦目、悦心悦意和悦志悦神三个层次，可用来表现旅游者的旅游活动审美阶段。首先，游玩时产生的生理舒适与情感愉快的交融标志着进入"悦耳悦目"的审美境界，获得初级的审美享受；其次，游玩带来的豁然开朗的启发、精神昂扬的喜悦，凝塑为长久的审美记忆，标志着进入"悦心悦意"的审美境界，获得更加高级化、复杂化、丰富化的感性体验；最高级阶段，旅游者在观照审美对象时，经过感知、想象、情感、理解等多种心理功能的交互作用，而获得精神意志上的完善、飞跃和升华，形成定型化的生命观念和人生理想，标志着进入"悦志悦神"的审美境界，获得了对人生的深刻体悟。周瘦鹃乍看上去是不折不扣的"工作狂"，编辑、作家、编剧工作应接不暇，但骨子里其实是一个"游玩者"。他委实喜欢旅游，而且深谙旅游之妙，无论是纵苇溪上，还是啸聚山林，都自得其乐，完全不是一副"书蠹头"的样子。本章从悦耳悦目、悦心悦意和悦志悦神三个层次解析他的旅游生活美学。

---

[1]　刘明玉：《论城市文化的旅游美学价值》，《云南大学学报》（社会科学版）2014年第1期。
[2]　章海荣：《旅游美学学理源流探索》，《同济大学学报》（社会科学版）2002年第6期。

第一节　舒心解忧的山水审美

有人说周瘦鹃性格乐观开朗，胸襟豁达开阔[1]，但他真是乐观开朗之人吗？1926年，一位作者在一首诗中描写周瘦鹃的形象："瘦骨傲霜篱菊白，鹃声啼月海棠红。鹤伴梅花仙骨瘦，鹃啼月夜泪痕多。"[2]1942年所编《乐观》停刊后，他悲叹道：瘦鹃向抱悲观，已成痼疾，一年来强为欢笑，戴着乐观的假面具，毕竟不能持久。[3]此透露出他看待人事的悲观心态。风趣幽默、才华横溢、交游通达的另一面写着"悲"字。他说自己"不开心"，为了解闷而去观影，将国外滑稽片比作"西医"，而开心影片公司的滑稽片比作"中医"。[4]韩莹莹说周瘦鹃有"双重心态"：悲观与乐观共存的心态。[5]这种"悲"融合了少年生活苦难、青年恋爱挫折与中年文字劳疲的体验。排遣悲愁的途径之一就是旅游，在大自然中忘烦解忧。这就具有了"美学忧愁"的意蕴。颜翔林这样解释"美学忧愁"："主体对生活世界之直觉体验的结果，也是生命个体包含负面性因素的美感形式之一。一方面，忧愁源于存在者对自我命运的本质直观，这是美感最主要的心理来源和逻辑基础，而对命运的运思主要关涉生死、名利、情爱、知识等要素。另一方面，有关忧愁的审美体验关联于时间意识、空间意识、乡愁意识、怀古意识等精神内涵。"[6]周瘦鹃只有在大自然中徜徉品味天地大美，用旅游途中的审美意绪消解现实悲愁。

1929年6月他游西湖所撰《湖上的三日》刊于7月的《旅行杂志》第3

---

[1] 段慧群：《文雅澹定周瘦鹃》，《钟山风雨》2015年第4期。
[2] 梅子馨：《瘦鹃诗钟》，《申报》1926年8月29日，第17版。
[3] 周瘦鹃：《〈娥眉鸩毒〉译后记》，《乐观》1942年第12期。
[4] 周瘦鹃：《不开心与开心》，《开心特刊》1926年第3期。
[5] 韩莹莹：《由〈杜鹃枝上杜鹃啼〉窥探晚年周瘦鹃的心态及其他》，《唐山学院学报》2009年第1期。
[6] 颜翔林：《论审美忧愁》，《上海文化》2019年第10期。

卷第 7 期。他为赵君豪的随笔集《游尘琐记》（琅嬛精舍发行、汉文正楷印书局 1934 年）写的序中说：

> 愚喜山水，喜旅行，每值春秋佳日，辄呼朋啸侣，担登出游，流连山水胜处，恋恋不忍去。综年来展齿所经，殆不下数千余里；顾为职务所牵，弗克远游，游踪虽广，终不出江浙二省以外，方之古之徐霞客，真如小巫之见大巫矣。老友赵子君豪，除任《申报》辑务外，并主纂《旅行杂志》，故亦笃爱旅行，虽无多暇晷，而得暇必出游，而以十八年辽沈之游为尤壮。

工作之余游山玩水令周瘦鹃倍觉适意（图 15），"在这十里洋场中，天天过着文字劳工的生活，委实苦闷极了。如今一受了春风嘘拂，这颗心便勃勃而动，勾起了无限游兴。"[1]"游于心"消解了经年积郁，激发了蓬勃的生活热情。他常去申园游玩解闷，"申园位于康瑙脱路胶州路口，占地六十余亩，与大中华百合影片公司为比邻。自南京路河南路口以公共汽车往，但需铜元二十余枚，交通良便，以汽车往，则刻许时可达矣。当其辟

图 15 《上海画报》1926 年 5 月 16 日发表周瘦鹃《天平俊游记》

---

[1] 周瘦鹃：《照相馆前的疯人》，载《落花怨》，广陵书社，2020，第 141 页。

地之初，予尝数数见之，荒凉一片，不堪属目，乃一经垦治，楚楚可观"。[1]但城里的公园毕竟人多嘈杂，不能真正起到放松心灵、缓解焦虑的作用，"摊货骈坒，百戏喧闹"[2]，"汽车马车的拥挤，乞丐嘈杂的声浪"[3]。有些游客随意攀折花木，"有妇折桃花盈握，拟携出"[4]，破坏环境，"人相挤，而亭树瘦干，镌游人之名甚多"[5]。小河的船上坐着艳妆浓抹的女郎，"艇中男女，恒杂坐，而女子都艳妆鬒影"[6]。园内还常聚集了"轻薄少年"，"一副嘴脸惹人厌，遇见相貌姣好的女子，便跟在后面走，做出怕人的样子，评头论脚，毫无忌惮，胆大的还要带相机偷摄人家的影"[7]。周瘦鹃在这里当然找不回清静悠思、吟诗唱和的古典感觉，无法实现"久在樊笼里，复得返自然"的梦想，是以他常向朋友倾吐对上海之外的大自然的向往。

吕碧城将全球旅行见闻作诗寄赠周瘦鹃，他"读之狂喜"，称"读此二诗，令人神往于瑞士湖光、罗京夕照之间。盖愚尝先后闻朱少屏君与张织云女士绳此二国之美，固已役吾梦魂，系之寤寐矣"[8]。他在云裳服装公司董事茶会上主动询问唐瑛的蜜月旅游景况：

愚曰：此次蜜月旅行，曾至北京否？曰否，但小住大连与青岛而已。兼旬未见，君相吾貌，亦较丰腴乎？愚笑曰：丰腴多矣，想见蜜月中于飞之乐。女士嫣然无语。愚又进而问旅中情形，曰此行以神户丸往，以大连丸归，两舟并皆闳丽，而以大连丸为胜，坐之良适。游迹所及，则于大连、青岛外，又尝一至旅顺。以风景言，端推大连，所居逆旅，为日人所设，幽雅绝伦。门临碧海，风帆沙鸥，皆可入画焉。[9]

旅游美学与审美主体个性特征有着密切关系。不同审美主体具有不同的审美视角。人的个性体现在他的感性和理性相统一的全部心理生活中。

[1] 瘦鹃：《申园试犬记》，《申报》1928年7月14日，第21版。
[2] 郑逸梅：《豫园放燕记》，《申报》1929年6月9日，第21版。
[3] NC：《游半淞园的一瞥》，《申报》1923年7月18日，第8版。
[4] 海角秋声：《重游淞园闲拾》，《申报》1926年4月22日，第17版。
[5] 叔子：《半淞园记》，《申报》1923年4月2日，第19版。
[6] 禹钟：《淞园醉游记》，《申报》1922年3月29日，第8版。
[7] NC：《游半淞园的一瞥》，《申报》1923年7月18日，第8版。
[8] 瘦鹃：《海外诗笺》，《上海画报》1927年6月30日，第3版。
[9] 瘦鹃：《曼华小志》，《上海画报》1927年10月30日，第3版。

旅游审美活动中，旅游者特有的思想感情、审美趣味、性格气质、艺术才能汇聚成的个性审美心理结构交融展现在他的审美选择和审美观照中，从而显出独特的审美个性。周瘦鹃的旅游审美特征首先表现为以游为乐的逍遥风韵。江南风景美，文人多游历。江南文人的审美哲学强调物我合一，对象是我心中的对象，我融汇在对象中，这种方式观照下的自然随着"我"的意绪的流动而千变万化。[1]戴名世《道墟图诗序》云："浙东、西地多名胜，而绍兴山水尤为秀绝寰区。其间名臣巨儒，魁奇俊伟豪杰不群之士，比肩接踵而出。"[2]钱塘人诸九鼎在登山中言称："日或无事，登土山，有石如砥，每坐其上，槐子恋恋，霜雪不摧。隔垣柏树虬立，时有长尾山雀，啍啍其间。树隙即千岩佛，苍翠掩映，拱如立屏。仆顾而乐之，竟遗忘其身之羁困也。"[3]闻启祥《春浮园记跋》云："伯玉有山水至性，兼具别眼别肠每涉历佳山水间，一见便能识向背取舍，有老于山中人所不知者。而况篱落下物，日夕坐卧其间有不得其性其情其变态，以此出之语言文字，又不造幽入微妙绝一世者乎？予每笑世之游者如谒客，然及而已，曾未升堂，何论入室？主人之声咳颜色曾未及闻，且见何论性情，此不得名游，记于何有？……天下未有不迂而能奇，未有不迂不奇而能游且能记者。"[4]

与古代文人类似，周瘦鹃也将心灵寄托于山水自然中。1929年，一个叫章百煦的文人记述了邀请周瘦鹃游览无锡梅园的经历。当时春寒料峭，这群文人（主要有秋英社、兰陵社同人）却按捺不住旅游的冲动前往无锡。周瘦鹃热情响应这次出游，兴致颇浓，居然先期一天到了无锡。这次出游的伙伴众多，大致分为：先到一天的，有张珍侯、胡伯翔、王汝嘉；从苏州来的，有李浩然、费左荃、徐涵生、谢公展、钱云鹤、汪英宝、杨清磐、邓春澍、施啸岑、孙洁人、沈杏荪、马万里、吴竹屏、汪英石、洪如、时敏；无锡本地的，有裘公歧、胡汀鹭、朱梦华、陆辅仁、荣鄂生、谢介子、王亚南、荆梦蝶等。这样来看，此次出游几乎是上海、苏州、无锡的鸳鸯蝴蝶派作家的集体行动了。此次游园大家玩得十分开心，其中有一

---

[1] 赵洪涛：《明末清初江南文人旅游美学》，《中北大学学报》（社会科学版）2019年第6期。
[2] 戴名世撰，王树民编：《戴名世集》，中华书局，2000，第37页。
[3] 周亮工辑：《尺牍新钞》，米田点校，岳麓出版社，1986，第253页。
[4] 韩敬：《春浮游文集》（卷上），载四库禁毁书丛刊编纂委员会编《四库禁毁书丛刊》（108册），北京出版社，1997，第495页。

段这样的记叙：

> 主人以嘉宾远至，设宴相款，藉尽东道之谊。浩然姻丈。即席谱烛影摇红一阕。示同座，席散，余导诸友，登园后许山之巅，领略暗香浮动月黄昏之风味，忽闻琴声清越，度曲自宗敬别墅来，急往视之，则清磬英石，与洁人之公子，方引吭高歌。[1]

这个叫章百煦的文人可能是无锡当地人，他对周瘦鹃可谓是十分尊敬，代之以贵客之礼，梅园之游后，他写了一首诗寄给周瘦鹃："胜景孤山似，登临绝点埃。琴调新月上，客至万梅开。一酌花村酒，三更蜡炬灰。明朝挂帆去，极目望苏台。"[2] 这里的望苏台的意思是，等待周瘦鹃在苏州来一个邓尉山之旅，召集各地的友人一起去。看来周瘦鹃和朋友间常常举行这种以园林、公园的游览为主题的社交活动。

周瘦鹃旅游不求奇险，但求畅意。古代文人旅游追求各异。谢灵运游览山水常选高峻、奇险山峰、崖壁攀登，以获乐趣，"晨策寻绝壁，夕息在山栖"（《登石门最高顶》），"迎旭凌绝磴，映泫归溆浦"（《登石室饭僧》），"朝旦发阳崖，景落憩阴峰"（《于南山往北山经湖中瞻眺》），属寻奇探险式旅游。与之不同，周瘦鹃"重秀不重奇"。风景之美不在险远，而在自然与心灵的契合，他的足迹涉及浙江嘉兴南湖、雁荡山，江苏宜兴、无锡、镇江、扬州，杭州西湖等地，而且常常故地重游。1925年4月游西湖，"一连三天，饱游了湖上诸胜"[3]。1926年5月游西湖，"西湖的面积不算大，抬眼一望，四下里都能望见。在这春光明媚之际，四方游人来得不少"[4]。1929年6月再游西湖。1956年4月，又游西湖，"四月一日，因送章太炎先生的灵柩安葬于西湖南屏山下，总算和阔别了十年的西湖重又见面了。当我信步走到湖边的时候，止不住哼着我所喜爱的一首赵秋舲的《西湖曲》"[5]。1935年他游玩江苏宜兴，1961年又去游览，"这是第二次了，时隔二十六年，'前度刘郎今又来'，来到了宜兴，觉得这号称江

---

[1] 章百煦：《梅园雅集记》，《申报》1929年3月27日，第18版。
[2] 章百煦：《梅园别后寄瘦鹃》，《申报》1929年3月27日，第16版。
[3] 瘦鹃：《照相馆前的疯人》，《半月》1925年第7期。
[4] 瘦鹃：《卅六鸳鸯馆》，《紫罗兰》1926年第10期。
[5] 周瘦鹃：《新西湖》，载范伯群主编《周瘦鹃文集：散文卷》，文汇出版社，2011，第394页。

南第一奇的双洞——善卷和张公……"[1]。1959年6月,他到过广州。1962年2月他又去广州,但他却说"凭着窗举目四顾,觉得整个广州真是'日日新,又日新,新新不已';而花天花地,四时皆春,又到处呈现出一片欣欣向荣的新气象"[2],旧地重游却兴致盎然。由此可见,周瘦鹃善于从熟悉的风景中尝试不同的感受,体现出内心世界的丰富多彩与对美好生活的热烈期待。

---

[1] 周瘦鹃:《双洞江南第一奇》,载范伯群主编:《周瘦鹃文集·散文卷》,文汇出版社,2011,第426页。

[2] 周瘦鹃:《举目南溟万象新》,载范伯群主编:《周瘦鹃文集·散文卷》,文汇出版社,2011,第441页。

第二节 天人合一的生态意识

中国传统文化认为人与自然是浑然一体的。在游历自然的旅途中，周瘦鹃将自然作为陶冶心灵之物，享受着天人合一的平和与愉悦。在青山绿水的荡涤下，被蝇营狗苟、追名逐利的欲望熏炙的心灵渐渐清澈。周瘦鹃游玩富春江时说："那青青的山，可以明你的眼，那绿绿的水，可以洗净你的脏腑；无怪当初严子陵先生要薄高官而不为，死心塌地的隐居在富春山上，以垂钓自娱了。"[1]这与张岱在《陶庵梦忆》中描绘游西湖的情怀十分类似："小船轻幌，净几暖炉，茶铛旋煮，素瓷静递，好友佳人，邀月同坐，或匿影树下，或逃嚣里湖，看月而人不见其看月之态，亦不作意看月者，看之。"[2]其中隐蕴着天人合一的传统美学思想。《易经》在有关天人关系上是中国最早主张"天人合一"的。老子说："故道生之，德畜之，长之育之，亭之毒之，养之覆之。生而不有，为而不恃，长而不宰，是谓玄德。"孟子说："不违农时，谷不可胜食也。数罟不入洿池，鱼鳖不可胜食也。斧斤以时入山林，材木不可胜用也。谷与鱼鳖不可胜食，材木不可胜用，是使民养生丧死无憾也。"庄子将人看成是自然界的一部分，"夫天下也者，万物之所一也"[3]。董仲舒则指出人与自然之间是相通的，人实际上是自然规律的反映，"天亦有喜怒之气，哀乐之心。与人相副，以类合之，天人一也"[4]。哲学家朱熹在《朱子语类》中说："人人有一太极，物物有一太极"，"天下无无性之物。盖有此物则有此性，无此物则无此性"，提出"天人一理"、"天地万物一体"，人与自然一体的思想，他将追

---

[1] 周瘦鹃：《绿水青山两相映带的富春江》，载范伯群主编：《周瘦鹃文集：散文卷》，文汇出版社，2011，第389页。
[2] 张岱：《西湖七月半》，载《陶庵梦忆注评》卷七，林邦钧注评，上海古籍出版社，2014，第193页。
[3] 庄周：《庄子全译》，张耿光译注，贵州人民出版社，2009，第296页。
[4] 董仲舒：《春秋繁露》，曾振宇注说，河南大学出版社，2009，第310页。

求人与自然的和谐统一作为人的最崇高的目标[1]。人从自然来又回归自然去，人既在社会中生活，又在自然中生活，自然在中国生活传统中必定是被"人文化"了的。对周瘦鹃来说，功名利禄非人生宗旨，虽然自嘲"文字劳工"，不讳言对高稿酬的期待，但他不贪求物质利益，而看重心灵与自然的交融。他认同的绝非疲于奔命的"谋生哲学"，而是将勤勉恳劳的谋生与冲淡诗意的乐生相融合的"养生哲学"。

魏晋名士嵇康以老庄思想为指导，认为"人生天地之中，体自然之形。身者，阴阳之积气也；性者，五行之正性也；情者，游魂之变欲也；神者，天地之所以驭者也"，人就是自然的产物，人与自然本应一体，人应当顺其自然发展，而不应受任何束缚，要自由自在的生活[2]。人与自然的关系不是主体与客体的关系，而是部分与整体的关系，周瘦鹃同样尊重自然，不赞成人为搅乱生态平衡。游玩扬州个园时，他对园林修缮提出如下建议："有好多处曾经新修，不能尽如人意，不是对称而显得呆板，就是多余而有画蛇添足之嫌；倒是随意放在水边的那些石块，却很自然而饶有画意。"[3]他还主张不破坏自然的"活用之法"，在参观虞山林场时曾说："我见那些树桩还是沿用旧法整姿，片片都象盘龙一样，似乎呆板了一些；当下便口没遮拦地提出我的意见，以为每一个树桩应该六成自然，四成加工，而这四成中又须以二成半修剪，一成半扎缚，如果加工过度，就未免显得呆板了。"[4]对大自然中大美和灵气的尊重培育了他的质朴情趣和审美根基。

章海荣指出，作为旅游美学学理基础的主体动态审美，可分为两个层次，一是动态生命体直面宇宙天地的情感创造和人性创造；二是主体在景观中的动态观赏和美感（包括快感）[5]。其中低层次的是欣赏美景的快感，高层次的审美是借由欣赏美景的快感层垒出新的人性特质。周瘦鹃旅游中生发"神游天外"之感，从旅游美学角度看是进入了"神性生命"阶段。在终极所求的意义上，儒家经由"音乐"所求的"大乐与天地同和"

---

[1] 何方：《中国古代生态意识》，《经济林研究》2001年第2期。
[2] 阎菲：《魏晋之际文人生活与文学观念》，博士学位论文，哈尔滨师范大学，2017，第79页。
[3] 周瘦鹃：《绿杨城郭新扬州》，载范伯群主编《周瘦鹃文集：散文卷》，文汇出版社，2011，第409页。
[4] 周瘦鹃：《姑苏书简》，新华出版社，1995，第238页。
[5] 章海荣：《旅游美学学理源流探索》，《同济大学学报》（社会科学版）2002年第6期。

与道家归于"无乐"的"得至美而游乎至乐"的境界,实际上是相通并融的,它们都指向"乐志乐神"的极境,这也接近于冯友兰所专论的"天地境界"[1]。周瘦鹃喜欢入夜谛听人和自然的共鸣声,"总得在什么山村或小镇的岸旁停泊过宿,其他的船只,都来聚在一起。短篷低烛之下,听着水声汩汩,人语喁喁,也自别有一种佳趣",他专门写了一首词《诉衷情》来表达当时的心情:"夜来小泊平矼。富春江。左右芳邻都是住轻舠波心月,清辉发,映篷窗。静听怒泷吞石水淙淙。"[2]游玩七里泷时他在夜里静思:"我爱看夜景,独个儿凭阑待月,可是倚偏了阑干,不见月来,只见乱云如絮,在桐君山头相推相逐,煞是好看。夜半月上,沿江的一带阑干都沐在月光之中,而富春江的水,更像铺着片片碎银似的,美妙已极。"[3]在夜阑人静的旅游途中,周瘦鹃与另一个在都市里奔忙劳碌的自己静静对望、默默凝思,进而在大自然感召下摆脱世俗的羁绊,把自己纳入宇宙整体的生命之流中,体悟出人生的终极目的和根本意义。

---

[1] 刘悦笛:《儒道生活美学:中国古典美学的原色与底色》,《文艺争鸣》2010年第13期。
[2] 周瘦鹃:《绿水青山两相映带的富春江》,载范伯群主编《周瘦鹃文集:散文卷》,文汇出版社,2011,第389页。
[3] 周瘦鹃:《放棹七里泷》,载范伯群主编《周瘦鹃文集:散文卷》,文汇出版社,2011,第378页。

第三节　生生不息的生命美学

古人"四时养生"既是生态观念，也是生活美学。人们只有与自然生态相依相融，才能存于天地之间。旅游将自然美景与生命延续接通，形成生生不息的生命美学。何为生命美学？潘知常说："审美活动是一种真正合乎人性的存在方式，又是一种人类通过它得以对人类本体存在深刻理解的方式，而不是一种认识物的方式，审美活动还是人类生命活动的理想形态。因此，只有进入对于人类本体的反思，才能与审美本体谋面，同样，只有从对审美活动的本体论内涵的揭示出发，也才有助于揭示人类的超越之维、人类的审美生成的全部奥秘。"[1]旅游不仅提供景观的欣赏，而且推动自然景观融入生命体验。周瘦鹃的旅游与生命体验贴合，通身透体贯注生命的活力，产生了适于谋生处世的生命美学。

首先，遵养时晦的谋生理念。中国古代"中和论生态–生命"美学包括"生生之为易""天地之大德曰生""阴阳相生""四时与养生"等理念。旅游美学深受"中和论"影响。晚明文人旅游注重在自然山水中安顿身心，在精巧游具中彰显独特品位，追求生命个体与宇宙万物的和谐，消解肉体与心灵、物质与精神之间的矛盾。[2]周瘦鹃承袭"中和论"思想，将旅游视为"四时养生"遵生方式。在上海期间，他全情投入文学事业，身心俱疲，焦虑悲郁。几位故友操劳过度辞世，引发他对职业价值与人生意义的反思，"李先生（李涵秋，作者注）的死一定是用脑过度所致，作文字的牺牲者，朱鸳雏后，李先生是第二人了"[3]，"君（毕倚虹，作者注）以家

---

[1]　潘知常：《诗与思的对话》，上海三联书店，1997，第30页。
[2]　曾婷婷：《论晚明文人生活美学中的"尊生"实践与精神》，《重庆三峡学院学报》2017年第5期。
[3]　瘦鹃：《我与李涵秋先生》，《文学界》2007年第11期。

累繁重,生活维艰,不得不继续视事,辛劳仍如平日,于是乎君乃复病矣"[1]。毕倚虹的成长历程与周瘦鹃类似,使他愈发沉浸于"自哀"之中:

> 予生而多感,常抱悲观。前三日闻君病笃之耗,郁抑累日,至不敢一过君寓,恐睹其惨状,愈难为怀也。予尝推溯君之死因,病固居其半,而其半实为环境之不良。有以致之,数稔以还,家庭多故,生离死别,百苦备尝,赖其笔墨以存活者二十余口,日常之苦痛可知。而病榻委顿之中,仍不能摆脱一切困恼,于是乎君乃死矣。予年来担负日重,环境日非,与君颇相仿佛。而被困于戚郦,则视君之所遇,尤为难堪。今闻君死,颇有兔死狐悲之感,吾哀倚虹,转以自哀矣。[2]

喟叹人生苦短的同时,周瘦鹃进一步悟透人生真相,看淡物质享受,不再身心俱疲地劳碌工作,而寻求冲淡、中和的智性生活,"不求奇险、但求舒心"的频繁出游就是他用以化解繁重工作带来的"身体危机""心灵危机"、实现顺势而为的从业之法的途径。正如汤哲声对周瘦鹃等人的评价:不论是中国的还是外国的,是传统的还是当下的,只要能够为我所用,而且用得很顺手,就拿过来使用,这是名士风格极具个性的展现,换言之,就是以自我为中心的开放心态。[3]

其次,冲淡随和的交往理念。周瘦鹃在上海有很多朋友,但多非知己。周瘦鹃与徐志摩有过不少接触,周瘦鹃曾撰文谈及他第一次见到徐志摩的情形:愚之识诗人徐志摩先生与其夫人陆小曼女士也,乃在去春江小鹣、刘海粟诸名画家欢迎日本画伯桥本关雪氏席上。席设于名倡韵籁之家,花枝照眼,逸兴遄飞,酒半酣,有歌呜呜而婆娑起舞者。当时情景,至今忆之,而徐家伉俪之和易可亲,犹耿耿不能忘焉。[4]徐志摩1928年秋曾有赴印度、英国等之旅,回国后朋友设宴接风,周瘦鹃也参加了,"徐志摩先生自海外归,友朋多为欣慰,畴昔之夕,陆费伯鸿、刘海粟二先生

---

[1] 瘦鹃:《哭倚虹老友》,《紫罗兰》1926年第13期。
[2] 同上。
[3] 汤哲声:《鸳鸯蝴蝶派:吴地文学的一次现代化集体转身》,《苏州大学学报》(哲学社会科学版)2009年第6期。
[4] 肖伊绯:《周瘦鹃与徐志摩:以〈上海画报〉相关报道为中心》,《书屋》2019年第7期。

设宴为之洗尘,愚亦忝陪末座。是夕嘉宾无多,除主人陆、刘伉俪四人外,惟徐志摩先生、胡适之先生、顾荫亭夫人,与一陈先生伉俪而已。"[1]周瘦鹃毫不掩饰自己对徐志摩的尊敬之情,但徐志摩对他却比较冷淡。有一次,周瘦鹃为预祝交际界名媛唐瑛女士结婚,专门设家宴招待唐瑛和她的义妹孙蕾丽、表妹张培本,同时邀请徐志摩,但被徐以忙为由回绝。[2]据肖伊绯考证,周瘦鹃1929年1月从《上海画报》离任后,与徐志摩的交往随之减少,至1930年冬,二人交往遂趋于沉寂。他们的点头之交显影出周瘦鹃"高朋满座"表象后的孤单,是以他的《写在紫罗兰前头(六)》第一句就是"笔者生性孤僻"。

山水自然既蕴蓄修养身心的活力,也提供退隐逃避的场域,是具有包容性和多义性的空间。周瘦鹃在游山玩水间远离充斥着应酬客套的虚伪社交的同时,携手心灵知音寻找生命的慰藉和人生的动力(图16),正如他所说:"对酒只邀明月坐,论心原许白云知。"与他结伴出游的多是相交甚笃的好友。他游览南京栖霞山"偕程小青兄"同游。[3]他游西湖时与李常觉、陈小蝶等开心玩闹,童心未泯。在游戏

图16　周瘦鹃与江红蕉、陈小蝶郊游

中,他们每人取出两个纸条,分别写下在哪里,做什么事情,然后每人随即抽出一条来报出结果,李常觉报出"李常觉在抽斗里翻筋斗",陈小蝶报"陈小蝶在天堂上挑粪",当时在西溪船中,两条船并行玩这个,众人几乎要把船笑翻了,"一班朋友倘聚在一起时,总喜欢开玩笑,说也奇怪,明明都是二十岁三十岁以外的人,却一个个好像变做了小孩子一般"[4]。他与

---

[1] 瘦鹃:《樽畔一夕记》,《上海画报》1928年11月21日,第3版。
[2] 瘦鹃:《紫罗兰庵小宴记》,《紫罗兰》1927年第19期。
[3] 周瘦鹃:《秋息霞》,载范伯群主编《周瘦鹃文集:散文卷》,文汇出版社,2011,第398页。
[4] 瘦鹃:《小游戏》,《紫兰花片》1923年第11期。

老友俞子才、徐绍青、叶藜青租了画舫去石湖赏月。他口占二首七绝，三个朋友合画一幅画，然后他再为之题一绝，游山玩水间尽显友情的美好：

> 饱餐了一顿之后，船已停泊中流，大家坐在船头看月，那一轮满月，象明镜般挂在中天，照映着万顷清波，似乎特别的明朗。我于欢喜赞叹之余，口占了七绝二首："一水溶溶似玉壶，行春桥畔万船趋；二分明月扬州好，今夜还须让石湖。""秋水沧涟月满铺，长空如洗点尘无；嫦娥绝色倾天下，此夕分明嫁石湖。"……看了好一会月，回到船舱里，三君就杀粉调铅，开始作画，先给我合作了一张便面，绍青画高士，藜青画古松，子才补景足成之，三君为吴湖帆兄高弟，所作自成逸品；我喜题一绝："飞瀑千寻绝点尘，虬松百尺缀龙鳞。翩翩白袷谁家子，疑是六如画里人。"[1]

受到"五四作家"炮轰的周瘦鹃虽有言词抗争但很少撰文怼骂，总体抱着不予理睬的态度，依然故我地写他的美丽文章。虽然偶有回应，那也不过是寥寥数语，聊备一格[2]。他说自己"本来是个无用的人，一向抱着宁人骂我，我不骂人的宗旨。所以无论是谁用笔墨来骂我，挖苦我，我从来不答辩。"[3]一方面，主要是因为他以市场为关注重心，而不大顾及对攻讦的反驳，所以多采取止谤莫如无辩的无谓态度[4]，另一方面也受到"宁静中的优雅"[5]的独特气质的影响。冲淡随和的个性与他在旅游中追求天人合一的平和愉悦的审美习惯是一致的，正如他在1935年1月《东方杂志》的文章中说道：

> 象我这样的好好先生，早就没有了立足之地，任你有多好多大的计划，也到处碰壁，终于不能实行。所以我对于今年并没有甚么计划；差可称为计划者，则计划如何可以解决最低限度的生活问题，以便终老于岩壑之间，种种树，读读书，不与一般虚伪势利为鬼为蜮的人群相接触，相周旋，草草的结束了这没意味的人生，也就完了。[6]

[1] 周瘦鹃：《苏州游踪》，金陵书画社，1981，第34-35页。
[2] 余夏云：《雅俗的对峙：新文学与鸳鸯蝴蝶派的三次历史斗争》，《东吴学术》2012年第6期。
[3] 瘦鹃：《辟谣》，《上海画报》1926年6月26日，第2版。
[4] 西谛：《新旧文学的调和》，《文学旬刊》1921年第4期。
[5] 徐蕾：《周瘦鹃审美气质初探》，《苏州教育学院学报》2008年第1期。
[6] 转引自王之平：《周瘦鹃迹踪寻访记》，《上海戏剧》1997年第3期。

周瘦鹃在"岩壑"之间悟出为人处世的通透认识,生成"况清风与明月同夜,白日与春林共朝哉"的为人处世之道,从而不将匆遽短暂的生命掷于追名逐利的角力和竞争中,正所谓"与懂我之人携游,置讳我之人于度外"。

再次,旅游养生的生活理念。周瘦鹃在《乐观》发刊辞中这样说:"我生平无党无派,过去是如此,现在是如此,将来也是如此;要是说人必有派的话,那么我是一个唯美派,是美的信徒……偏偏生在这万分丑恶的时代,一阵阵的血雨腥风,一重重的愁云惨雾,把那一切美景美感,全都破坏了。于是这'唯美派'的我,美的信徒的我,似乎打落在悲观的深渊中,兀自忧伤憔悴,度着百无聊赖的岁月。"[1]他在抗战逃难途中经过富春江,发出了"春江依旧在,只是人已非"的感悟:"八一三事变以后,在浙江南浔镇蛰伏了三个月,转往安徽黟县的南屏村,道出杭州,搭了江山船,经过了整整一条富春江,十足享受了绿水青山的幽趣,才弥补了我往年的缺憾……当年到此,是结队寻春,而现在却为的避乱,令人不胜今昔之感。"[2]避难旅途的所见所思加深了"消磨岁月于千花百草之间"的隐逸意识,"匆匆结束了文字生涯,回到故乡苏州来……过我的老圃生活,简直把一枝笔抛到了九霄云外。"[3]

周瘦鹃在苏州实现了遵生重道的理想,尽情游览了很多地方,他为邓尉山的梅花折服,"二十余年前来此探梅时,不但见本山上全是梅花,就是望到远处也一片雪白,真不愧为香雪海了"[4]。与范烟桥、程小青、顾公硕、蒋吟秋游天平山,"在路边一堆废弃的石块中拾到一片带赭红色的石块,既不玲珑,也不顽丑,他惊喜地叫起来:'得之矣!'"他以石块为主材制作水石盆景供友人赏鉴,将那草片红色石块为主材加以苔草、水、石、人物、器用精心装点制作的《赤壁游》[5]。他还将旅途中的"自然"带回家,使自己足不出户在家就能亲近自然。用双脚丈量大地不是旅游唯

---

[1] 周瘦鹃:《发刊辞》,《乐观》1941年第1期。
[2] 周瘦鹃:《绿水青山两相映带的富春江》,载范伯群主编:《周瘦鹃文集:散文卷》,文汇出版社,2011,第387页。
[3] 周瘦鹃:《〈花前琐记〉前言》,载范伯群主编:《周瘦鹃文集:杂俎卷》,文汇出版社,2011,第49-50页。
[4] 周瘦鹃:《苏州游踪》,金陵书画社,1981,第2页。
[5] 谢孝思:《周瘦鹃和他的盆景艺术》,《民主》1997年第7期。

一方式,卧于斗室遣神游思作心灵之游,更显内心世界的丰富斑斓,"我家藏有清代吴大澂所画'香雪海'横幅,挂在寒香阁中,梅花时节,朝夕观赏,也就聊当卧游了"[1]。

周瘦鹃的旅游亦是一场味觉之旅。洞庭山的美景畅人心神,茶与水果也引人馋津,"洞庭东西二山,山水清嘉,所产枇杷、杨梅,甘美可口,名闻天下。而绿茶碧螺春尤其特出,实在西湖龙井之上,单单看了这名字,就觉得它的可爱了"[2]。他游富春江时念念不忘鲥鱼:鲥鱼过了严子陵钓台之下,唇部微微起了红斑,好像点上一星胭脂似的。试想鳞白如银,加上了这嫣红的脂唇,真的成了一尾美人鱼了。他对南湖菱赞不绝口,"这种菱绿皮白肉,形如馄饨,上口鲜嫩多汁,十分甘美而又妙在圆角无刺,不会扎手。"[3]在镇江金山他纵情品茗,"一杯又一杯的灌下去,似乎分外地津津有味"[4],大自然馈赠的美食朴实无华,新鲜美味。以美食护体,以美景怡情,成了周瘦鹃的养生之道,所以他会这样说:"人生多烦恼,劳劳终日,无可乐者。愚生而多感,几不知天下有乐事。所引以为乐者,吃耳。"[5]

都市空间是一种人为创造的生存环境,同人类秉性天然存在矛盾。即便拥有宽阔的住所,城市居民依然不能摆脱被囚禁的状况[6],产生了以功利浮躁为表征的旅游文化潮流,在浮光掠影中随波逐流的人们忽视了旅游对人类身心发展和社会和谐进步的根本性价值[7-8]。提出参与(Engage)理论的人文主义代表人柏林特(Arnold Berleant)认为,生活美学具有情境性,由文化习俗、教育、个人生活实践共同构成的知觉是审美的关键,欣

---

[1] 周瘦鹃:《苏州游踪》,金陵书画社,1981,第3页。
[2] 周瘦鹃:《苏州游踪》,金陵书画社,1981,第18页。
[3] 周瘦鹃:《南湖的颂歌》,载范伯群主编:《周瘦鹃文集:散文卷》,文汇出版社,2011,第425页。
[4] 周瘦鹃:《江上三山记》,载范伯群主编:《周瘦鹃文集:散文卷》,文汇出版社,2011,第404页。
[5] 周瘦鹃:《吃看并记(二)》,《上海画报》1927年11月18日,第3版。
[6] 翟文铖:《现代性的生态之问:当代中国作家生态意识探讨》,《山东青年政治学院学报》2018年第6期。
[7] 万书元:《旅游的美学表述》,《丽水学院学报》2005年第6期。
[8] 胡爱娟:《旅游的美学本质与社会和谐》,《重庆科技学院学报》(社会科学版)2009年第1期。

赏者文化习俗、个人经验等的参与成为审美的重要构成部分。[1]文人比较容易将风景"人格化",明朝文震亨在《长物志》的描写可作证据:

> 居山水间者为上,村居次之,郊居又次之。吾侪纵不能栖岩止谷,追绮园之踪,而混迹廛市,要须门庭雅洁,室庐清靓,亭台具旷士之怀,斋阁有幽人之致。又当种佳木怪箨,陈金石图书,令居之者忘老,寓之者忘归,游之者忘倦。蕴隆则飒然而寒,凛冽则煦然而燠。若徒侈土木、尚丹垩,真同桎梏樊槛而已。

陈正贤认为古代文人的情境性审美营造出一个恬适淳朴,充满野趣,又不乏诗文翰墨之乐的世外桃源[2],此正是周瘦鹃体验到的极美之境。他将旅游比作告别了俗尘万丈的上海[3],将生态美置于比功利更高的地位,视旅游为获取身心自由的生命体验,呼唤人的自我回归并赞美其本真存在,以天人合一的传统生态美学经验与呵护家园的态度将陌生冷峻的外界环境化为温暖宁谧的生活家园。对当下而言,这种基于对美的追求和企慕之上所释放出的生命对于自由的渴求,是消解功利驱动型旅游文化燥热和建构宜居性都市所必需的一剂精神良方。

---

[1] Arnold Berleant, *Aesthetics Beyond the Arts: New and Resent Essay* (Aldershot: Ashgate, 2012), p.205.
[2] 陈正贤:《山水之居:古代文人的一种生理理想》,《华夏文化》2012年第2期。
[3] 周瘦鹃:《放棹七里泷》,载范伯群主编《周瘦鹃文集·散文卷》,文汇出版社,2011,第377页。

第五章 栽花莳草 身体力行：劳动生活美学

苏联美学家叶果洛夫1974年首次提出劳动美学的概念。他指出，劳动美学注意的中心是人而不是机器，是生产的主体——劳动者，是他的需要。他认为劳动美学的研究对象首先是劳动过程本身的美，其次是劳动工具和生产境环的审美价值，是采取包括工业品艺术设计方法在内的各种不同方法，从而在人们活动的产品中所达到的实用性和美的结合。他提出劳动美学的目的是促进劳动中的创造性原则的巩固和发展，有助于保护健康和丰富个人的思想情感[1]。国内劳动美学的研究内容大致可分为以下几个方面：（一）劳动与审美的发生及主体的发展，劳动的美学性质，劳动活动对于劳动者的美学价值；（二）劳动美学的对象、范围及研究方法，劳动美学思想的源流及学科进展；（三）现代工业劳动的审美特征、美学与经济学的统一；（四）个体劳动活动的快适性、愉悦性、审美性；（五）群体劳动的和谐性、劳动管理形式的艺术化；（六）劳动者与对象时空环境和审美关系，劳动环境的审美化；（七）劳动过程中创造性、自由程度的提高；（八）企业劳动文化审美塑造的可能性、条件特征及社会意义，等等。[2]洪凤桐从劳动美学的角度把劳动过程分解为三个层面——心理—意识层面、组织—管理层面、对象—工具层面。其中，心理—意识层面，是劳动过程的内在表征，也是决定劳动过程美丑性质的主要标志。这一层面包含非常丰富的内容，如价值标准，趣味追求，理想图式等等，核心是情感问题。劳动过程的组织—管理层面，是由劳动的社会化性质与劳动分工发展所决定的。劳动过程中的组织和管理，其实践功能是降低成本，协调关系，优化产品，提高效率。对象—工具层面，是劳动过程中最富于物质实体性的层面，其中包括劳动对象和以工具为主体的劳动资料，同时也包括劳动产品。这一层面，深刻而鲜明地体现着劳动主体的本质力量，是劳动主体的本质在时空序列上的展开形式，是环绕劳动主体的物质环境。[3]

劳动美学包括劳动过程中与对象空间环境的关系，劳动组织和社会心理环境，劳动者自身生命活动审美情感化。劳动美学的逻辑起点是劳动，劳动是人的生命活动的根本，是人的一切生命活动的基元。人通过劳动，不仅把劳动本身创造成为审美活动，把劳动加工过的自然物质创造成为审

---

[1] 叶果洛夫：《美学问题》，刘宁、董友等译，上海译文出版社，1985，第80—81页。
[2] 章斌：《劳动美学与技术美学》，《社会科学》1991年第7期。
[3] 洪凤桐：《劳动的审美与劳动美学》，《中国工运学院学报》1992年第2期。

美对象，而且也把人自身创造成为审美主体。新中国成立后，周瘦鹃才开始真正从事园艺劳动。在社会主义劳动美学的影响下，他借助栽花莳草的园艺劳动表达自己做好了身份转化的准备，并且得到了官方的认可，获得了他心之所系的新身份——社会主义劳动者。尽管劳动包括脑力劳动和体力劳动，但具有身份转变标志意义的劳动还是"园艺劳动"。从一位伏案倦首的劳心者变为物色畦间的劳力者的过程中，周瘦鹃的劳动生活美学得以产生。

第一节 花花草草的爱好

蒋孔阳认为:"美这种社会现象……它是从生活的本身当中产生出来的……因此,和生活联系在一起的美,就必须像生活本身一样,是具体的、感性的……因此,美不仅以人们客观的社会生活作为它的内容,而且也以生活本身那种具体的感性形式,作为它的形式。"[1]园艺生活体现出的正是这样一种美。周瘦鹃从青年时起就是园艺的忠实爱好者,"生平多恨事,而这颗心寄托到了花花草草上,顿觉躁释矜平,脱去了悲观的桎梏"[2]。1914年,19岁的周瘦鹃举家搬入黄家阙新租住宅,他将租房装饰得花木葱茏、诗情画意,"晒台之上,植杂花多种,有紫蝴蝶、牵牛、凤仙、鸡冠之属,听其生灭,不加灌溉。中紫罗兰一本,为友人小青所贻,予最爱之。经久不凋,叶叶常青。春来着一二花,亦殊疏落有致,幽馨所发,逾于兰麝,与书影相为妩媚,因以名吾书斋。至影事前尘,则吾知之,紫罗兰知之耳"[3]。他不仅在晒台上种花,还把花搬入宅内,放于床头,对花之痴爱可见一斑,"一室如斗,小床位于中,不帷。床首有盆植蕙兰,兰方花。床左右有瓶,各植紫兰,斌媚若好女。盆兰夜发幽馨,与紫兰相氤氲熏床,香拂拂绕衾枕间。清夜独眠,梦境俱挟香意,虽孤衾如铁,自饶逸韵。昔林和靖妻梅,吾欲妻兰矣"[4]。导演任矜萍拍摄《新人的家庭》就在周瘦鹃花木葱茏的家中取景,"假吾武定路旧居之廊庑,摄入片中,作银行夫人之母家,跳舞场一幕"[5]。

"花"之造型设计常被周瘦鹃用于编辑中,他编《紫兰花片》封面画请

---

[1] 蒋孔阳:《简论美》,《学术月刊》1957年第4期。
[2] 周瘦鹃:《我与中西莳花会》,《永安月刊》1940年第20期。
[3] 瘦鹃:《紫罗兰庵随笔》,《申报》1919年6月9日,第15版。
[4] 鹃:《余沈》,《申报》1921年3月3日,第14版。
[5] 瘦鹃:《谈艺》,《申报》1926年1月5日,第13版。

诸名画家，专画美人之头及肩而止，用彩色精印，四周以紫兰相衬，并请名人题字。郑逸梅称《紫兰花片》"别开生面"，无处不求其"精"。其中第三卷，每一号封面由两部分组成，第一页是镂空硬壳封面，覆盖在第二页软壳上，软壳中女子画像恰从镂空处露出来。[1]《半月》前后四年出版96期，续出的刊物即更名为《紫罗兰》，创刊于1925年12月16日，周瘦鹃在首期《编辑室灯下》有如下说明："《半月》结束，《紫罗兰》继起，颇思别出机杼，与读者相见。版式改为二十开，为他杂志所未有，排法亦力求新颖美观，随时插入图案与仕女画等，此系效法欧美杂志，中国杂志中未之见也。以卷首铜图地位，改为《紫罗兰画报》，以作中坚。图画与文字并重，以期尽美，此亦从来杂志中未有之伟举，度亦为读者所欢迎乎！"胡明刚说周瘦鹃在稿子上舞文弄墨的时候，就像侍弄他的小园一样[2]。

被周瘦鹃称为"画里真真，呼之欲出"的《紫罗兰》第三卷改版革新的版式十分精美，封面挖空一块，作苏州园林的"漏窗式"，扉页是一幅精印彩色时装仕女画，配上相映成趣的诗词。读者透过"漏窗"先只能看见那扉页画的最精彩的部分，但等翻开封面才能看到扉页的全貌，并可吟诵那配画的清词丽句。当时许多国内读者非常喜欢周瘦鹃编辑的杂志，可谓"多少美人香草思，一齐分付紫罗兰"[3]。《紫罗兰》甚至得到了海外的赞誉，"巴黎鲁斯勃脱学校教职员白特克氏，识华文，好读古文观止。白氏除教务外，常喜浏览中国报章，尤爱紫罗兰杂志之精美，辄阅之以作消遣"[4]。汤哲声认为周瘦鹃的文学、编辑工作里就蕴含着明月清风般的园艺之美：在文学创作上，他的散文最为出色，其中又以品花、品树、品盆景的作品为最佳。在编辑上，他编刊物以精美且独抒情思著称。在20世纪20年代，他编辑的《紫罗兰》就是镂空透窗的封面，其精美程度可比苏州绣画和园林中的透窗美景。[5]周瘦鹃将花木生活和编辑工作这样类比："编者是个老园丁，哪敢不加倍努力，朝斯夕斯，以期其长保色香，烂烂漫

---

[1] 周吟：《周瘦鹃文学活动研究》，硕士学位论文，华东师范大学，2005，第29—30页。
[2] 胡明刚：《拈花瘦鹃无解语：评周瘦鹃〈拈花集〉》，《台州晚报》2016年6月25日，第11版。
[3] 王梅癯：《咏紫罗兰杂志赠瘦鹃》，《申报》1926年12月30日，第17版。
[4] 芮鸿初：《西人爱读紫罗兰》，《申报》1928年3月16日，第17版。
[5] 汤哲声：《周瘦鹃的品位、人格和才情》，《中国社会科学报》2011年4月12日，第7版。

漫的永久开下去。"[1]他还将编《礼拜六》比作花:"如今同着王钝根出主意,索性把我们余下来的合在一起,又约了几位老朋友的心血,合伙儿去浇灌《礼拜六》这片文字的良田。一礼拜七日,天天浇灌,指望他到处开出最美的花来,给看官们时时把玩。"[2]由此可见园艺劳动与文学工作的水乳交融。

  这一时期周瘦鹃的劳动形式主要是脑力劳动,而不是园艺劳动,他"在上海忙于文艺工作,整日地孜孜兀兀,作文字劳工,费却不少心力;可是一放下笔,就以培植花木为消遣,为娱乐,为锻炼身体的工具。不过那时只有庭而没有园,还是英雄无用武之地;直到一九三五年以历年卖文所得,在故乡苏州买到了一片园地之后,这才招兵买马似的大发展起来。"[3]这片"园地"就是后来的紫兰小筑（图17）。唯有置身在此,他才能忘记世忧。1943年他在紫兰小筑小住的九天

图17 紫兰小筑外景

内,几乎日日侍弄花草,据《紫兰小筑九日记》载:

  十四日:园中多大树,乌春、白头翁等巢其间,昧爽即弄吭作歌,予为所醒,六时即起。盥洗已,巡行园中;向例予每归必于梅屋中供瓶花盆树,借资观赏,兹与凤君偕来,尤非此不可。因撷月月红、白十姐妹、红十姐妹、白香水花等,分插陶罇及瓷瓶中,供诸床次小几;别以六月雪及榆树二盆分陈镜台之上;又金银藤一本方发花,清芬四溢,则位以圆凳,置之座右;虽屋小如舟,仅堪容膝,亦弥觉其楚楚有致矣。

  十五日:午后本拟出游,而恋恋园中盆树,遂杜门不出,持利剪,分别删其徒枝,整其姿致;盆面多野草,则一一抉而去之。

---

[1] 瘦鹃:《写在紫罗兰前头（七）》,《紫罗兰》1944年第13期。
[2] 瘦鹃:《心血的宣言》,《礼拜六》1921年第101期。
[3] 周瘦鹃:《姑苏书简》,新华出版社,1995,第70页。

十七日：晨餐后，督张锦掘园中野树，用以代薪；后趋东隅榕圊中一视，见斑竹多枝，杂生红白二石榴树间，亟令镢而去之。

十八日：晨起观一昨所市花木，夜来沐雨露，咸奕奕有神；其他盆树，亦浓翠欲滴，因顾而乐之。

十九日：昨夜有佳月，梅屋踞梅丘高处，受月最多，一窗一阒，悉沉浸银海中，不灯而明，爱月眠迟，堪为我咏。比夜半梦回，见四壁澄澈，疑已破晓，顾万籁寂然，宿鸟无声，始知明者月；于是纳头复眠，而眠乃弗熟，斯须即起，起则立趋园中漫步。会有浓雾，濛濛四合，花木都隐雾中，阅炊时许始收，而红阳杲杲，已揭云幕而出。盥洗既，见送春老梅为小红虫所困，粘枝条俱满，即一一捉之，双手为赤，历两小时始已。

二十日：晨起天甫破晓，鸟声如沸，复为悬崖古梅捉小红虫，历一小时，而十指已赤如染血矣。

二十一日：凤君笑予痴，谓君连日卧起紫兰台畔，为紫罗兰所感应，故有此梦耳。予以为然；顾迢递万里，音问久疏；得此一梦，亦可少慰相思矣。是日风甚劲，掠群树萧骚有声；迤行园中一周，即为十余盆梅除虫患，伫立亘四小时，腰痠欲折，头目为眩，而虫得肃清。[1]

尽管周瘦鹃在紫兰小筑得到了短暂的放松，但总体来说，在上海生活与工作期间，他的劳动只是为了糊口营生。彼时的劳动是一种异化的劳动，"资本表达了占有他人劳动的合理性，以物为基础重新建构了劳动主体的依赖关系，使劳动之美成为依赖他者的条件。或者说，资本逻辑中的劳动之美，并不是由劳动者生成和享有，只是由资本进行外在的估价。劳动成为私有财产作为资本主义的经济奠基，使得劳动支配权由传统社会的身份演化为等价交换的'理性行为'——一种失去自我的'自愿'理性行为"[2]。周瘦鹃呕心沥血地写文章，不过是多换些稿费来供一些家用[3]，他"独个儿来挑这一家生活的担子"，这时的谋生是辛苦的，是由

---

[1] 瘦鹃：《紫兰小筑九日记》，《紫罗兰》1943年第4期。
[2] 高星、赵雪：《劳动美学与主体生成：马克思劳动美学的生命现象学》，《东北师大学报》（哲学社会科学版）2020年第4期。
[3] 周瘦鹃：《姑苏书简》，新华出版社，1995，第27页。

"资本进行在外的估价"的被剥削和受控制的脑力劳动,由此产生的焦虑、惶惑、烦闷的情绪折磨着周瘦鹃的内心:"我从十九岁起,卖文为活,日日夜夜地忙忙碌碌,从事于撰述、翻译和编辑的工作。如此持续劳动了二十余年,透支了不少的精力,而又受了国忧家恨的刺激、死别生离的苦痛,因此在解放以前愤世嫉俗,常作退隐之想。"[1]周瘦鹃真正意义实现劳动自由、审美自由,还是要到新中国成立后。这时他的劳动形式才发生真正变革,即从"劳工""机器"式的劳动[2]向自由的、愉悦的园艺劳动转变。

---

[1] 周瘦鹃:《劳者自歌》,载范伯群主编:《周瘦鹃文集:散文卷》,文汇出版社,2011,第83页。
[2] 周瘦鹃:《姑苏书简》,新华出版社,1995,第54页。

第二节　社会主义新劳动者

新中国成立后，从有计划的经济建设和对生产资料私有制的社会主义改造，到基本完成对农业、手工业和资本主义工商业的社会主义改造，再到开展社会主义的全面建设，都显示出社会主义建设的核心主题是让全国各族人民过上美好生活。马克思主义劳动美学提出了劳动是第一需要，在马克思的认识中，只有劳动成了自觉的自由的人的第一需要，而不再受到经济压迫时，才进入了美学范畴。劳动的分工、体力与脑力的对立必然消失之后，劳动本身也会成为生活的第一需要。[1]社会主义解放了劳动者，也解放了劳动本身，为劳动真正成为第一需要提供了条件。劳动不是简单的行为活动，而是人的精神、意识和信念是否得到改造的判断依据，是从知识分子融入人民群众的标志。对于周瘦鹃而言，他首要的任务是要接受改造与自我改造，表现在劳动生活上，就是建立"个人劳动"和"社会主义劳动"的契合点。它既不同于"劳工劳动"，也不同于"革命斗争"，而是继承江南士子清赏风雅生活美学特质的"文人劳动"。周瘦鹃通过园艺劳动成功地转变为社会主义劳动者，实现了新的人生价值。

民国时期，山河破碎，社会动荡。周瘦鹃在《女子世界》发表了杂文《怀兰室丛话》一文："瘦鹃则不欲为男，愿天速变作女儿。自慨枉为男儿二十年无声无息，负却好头颅，日向毛锥砚田间讨生活。且复歌离吊梦，不如意事常八九，踽天踏地，恻恻寡欢，作男儿倦矣。颇欲化身作女儿，倏而为浣溪畔之西子，倏而为临邛市上之文君，使大千世界众生，悉堕入销魂狱里，一一为吾颠倒，一一为吾死，不强似寂寂作男儿耶。"在国家将亡之时，周瘦鹃深感责任重大，可是自己文弱书生一个，救国无术，作为男子那是一种耻辱，还不如作个女儿家为好。这是一个自处弱者地位的正

---

[1] 马克思、恩格斯：《马克思恩格斯全集》（第25卷），人民出版社，2001，第20页。

直的知识分子，出于义愤而自嘲的心态。[1]他在《悼念郑正秋先生》一文中开头就表达了他对侵华日寇的愤怒："天哪！这三年以来，毕竟是一个什么时代？内忧，外患，天灾，人祸，全体动员的压迫着这可怜的中国，直弄得百孔千疮。焦头烂额。国土的损失，经济的损失，人才的损失，文化的损失，都不是表格所能一一开列，数字所能一一清算的。天哪！这将归咎于天心的不仁呢，或是人谋之不臧？"[2]"八一三"事变爆发后，为了逃避日寇侵略，周瘦鹃随同东吴大学教师一起出走，先是避乱浙江南浔，后转移到安徽黟县南屏村，用周瘦鹃自己的话说是"人心惶惶""仓皇出走"[3]。逃亡路上，寄居乡野荒郊的他坚守内心对美好生活的向往，用花草将草野屋舍点缀得诗情画意，"那时我在寄居的园子里，找到一只长方形的紫砂浅盆，向邻家借了一株绿萼梅，再向山中掘得稚松小竹各一，合栽一盆，结成了岁寒三友。儿子铮助我布置，居然绰有画意"[4]。周瘦鹃在1949年出版的《花经》的序言中这样写道：

> 生平无他嗜，独嗜园艺成癖；自少至长，居处屡易，每见庭前有尺寸土壤，辄以栽植花草为乐；脱无土壤，泽代以盆盎若干事，朝夕搬运灌溉，列为日课；家人以为痴，弗顾也。十五年前，移家故乡吴趋里，得园地可四亩，嘉树二百余株；乃如得饼小儿，沾沾自喜，以为平昔莳花种竹之愿，于是偿矣。如是十年，几视园艺为专务，寝室至屏绝交游，厌弃人事，自分将以灌园终吾生；讵"八一三"事变猝发，仓皇去苏，流寓浙皖半载余，卒复止于沪渎，数年来重为生活所困，抗尘走俗，百苦备尝，坐使故园花木，常萦魂梦而已。[5]

1938年冬，周瘦鹃参加有数十年历史的国际性的上海中西莳花会，以古朴、典雅、独具文人意味的中国盆景、盆栽两度夺魁，获得彼得葛兰奖杯。他写诗一抒快意："奇葩烂漫出苏州，冠冕群芳第一流；合让黄花居首席，纷红骇绿尽低头。""占得鳌头一笑呵，吴官花草自娥娥；要他海外虬髯客，刮目相看郭橐驼。""劫后余生路未穷，灌园习静爱芳丛；愿君休薄

---

[1] 李海珉：《周瘦鹃逸事》，《钟山风雨》2014年第3期。
[2] 瘦鹃：《悼念郑正秋先生》，《申报》1935年7月22日，第13版。
[3] 周瘦鹃：《姑苏书简》，新华出版社，1995，第58页。
[4] 周瘦鹃：《岁朝清供》，载范伯群主编《周瘦鹃文集：散文卷》，文汇出版社，2011，第129页。
[5] 王道：《〈花经〉、黄家花园与周瘦鹃父子》，《书城》2020年第7期。

闲花草，万园衣冠拜下风。"［1］"园"及"园艺"成了他向世界展现中国人追求美、捍卫美的不屈意志与民族气节的渠道。

时局动荡、家园沦丧唤醒着周瘦鹃的隐逸型人格，推动着他回归家园的步履，"东涂西抹，匆匆三十年，自己觉得不祥文字，无补邦国，很为惭愧！因此起了投笔焚砚之念，打算退藏于密，消磨岁月于千花百草之间，以老圃终了……对日抗战胜利以后，我就……匆匆的结束了文字生涯，回到故乡苏州来；又因遭受了悼亡之痛，更灰了心，只是莳花种竹，过我的老圃生活，简直把一枝笔抛到了九霄云外"［2］。周瘦鹃从安徽避日寇逃难回来后仍在上海租界工作，但此时他的心境已大不如昨。他不再或很少创作小说，其中既有文学市场改变的原因，也有他隐逸型人格影响的原因。他更多从事一些编辑类的"幕后"工作，张爱玲正是被他栽培的一株文学奇葩。［3］周瘦鹃甘心"捧得他人百花艳"，不求个人闻达，将人生遁形至宁谧的园境之中。20世纪40年代，他编辑了很多"生活"类的文章。在《乐观》中，儿子周铮开了"园艺"专栏并翻译《儿童园艺与良好公民》，文章写道"每一个儿童的志愿是成为一个园艺家，自然界中，诗词里，催眠歌中，儿童的故事，寓言，文学里……都在颂赞着花的美丽。儿童生长在鲜花和树木丛中，当然有愉快的精神，他们是兴奋，有生气，有幻想，呼吸着花的芳香，熏陶成他们良好的性格"［4］，表达了父子在乱世里对安静而美好的生活的无限憧憬。孙予青对周瘦鹃的"两段人生"如此作结：他的前期活跃在出版界的各大渠道中，名播遐迩，在文学创作上侧重于描写缠绵悱恻的爱情和婚姻。后期则发生了从功利化回归本体的重大转型，由热衷入世转向潜心遁世，希望过陶渊明、林和靖式的隐居生活。［5］

周瘦鹃之所以果决地来苏定居，还有两条重要原因：一是上海当局对周瘦鹃的轻视，阻止他继续担任《申报》主编之职，官僚资本已侵入《申

---

［1］周瘦鹃：《姑苏书简》，新华出版社，1995，第70-71页。
［2］周瘦鹃：《〈花前琐记〉前言》，载范伯群主编《周瘦鹃文集：杂俎卷》，文汇出版社，2011，第49-50页。
［3］瘦鹃：《写在紫罗兰前头（六）》，《紫罗兰》1943年第5期。
［4］乔治·昆特：《儿童园艺与良好公民》，周铮译，《乐观》1942年第9期。
［5］孙予青：《转型与流变：周瘦鹃后期创作与心路研究》，硕士学位论文，苏州大学，2014，第1页。

报》,将周瘦鹃排挤出编辑的行列[1];二是妻子胡凤君患上肺病,不适合在乌烟瘴气的大城市里疗养,回到清静平宁的苏州比较适当。他说自己"这几年来受尽了种种磨折,种种刺激,弄得意志消沉,了无生人之趣;镇日的不是忧个人,忧一家,便是忧国忧世界,真的变做了一个忧天的杞人了"[2],民族的磨难、事业的挫折、妻子的疾病消磨了周瘦鹃曾经的雄心壮志。渴望世外桃源、跳脱尘世苦难的"文人隐逸"的传统在他的身上隐隐浮现。当然,这并不是真正的退隐,而是新的生活——以栽花莳草为标志的园艺劳动生活的开启(图18)。

图18　周瘦鹃在紫兰小筑花木前

新中国提供了和平的政治环境和稳定的经济环境,保障了劳动之美所需的外部条件。旧的文学市场消失了,新的文学市场正在形成。1954年起,周瘦鹃在各大报刊发表了几百篇散文,"沪宁津三个出版社"都向他约稿。[3]他在写给女儿周瑛的信中说起自己为各大刊物写稿的繁忙景况:

> 入夜上灯之后,就又开始动笔写作,从七时写到十时,并无倦意。原来我在京时期,接下了四批"定货",并且有三批都要在五月上旬"交货"的。一家报纸,要我与十二种春季和夏季的花卉,是配合一位老画家的十二幅花卉画的。有一家刊物,要我谈谈苏州园林特色,要译成外文,象献宝似的献给国际朋友去看的。有一家新闻社,要我说说最近的生活情况,让关心我的读者瞧瞧我这老头儿的老劲。还有一家天津的出版社派了一位女同志来,要我选定近年来所写的散文,出

---

[1] 范伯群、黄诚:《报人杂感:引领平头百姓的舆论导向:以〈新闻报〉严独鹤和〈申报〉周瘦鹃的杂感为中心》,《中国现代文学研究丛刊》2013年第8期。
[2] 周瘦鹃:《歌舞韵语》,《乐观》1941年第3期。
[3] 周瘦鹃:《姑苏书简》,新华出版社,1995,第251页。

一本选集；我于受宠若惊之余，当然也接受下来了。……排了排队，先定先交，后订后付，不慌不忙地赶造起来。本来我写作是只做夜班，不做日班的。现在生意兴隆，可要加工做日夜班了。何况除了这七批之外，还有去年接下的两批较大的"生意"，工作比较繁重，也要在今后两个月里"交货"。[1]

这是周瘦鹃繁忙写作生活的写照。他还担任了苏州市博物馆名誉副馆长、苏州市园林管理处副主任、苏州市文物古迹保管委员会副主任、苏州市市政建设规划委员会副主任及江苏省文联委员等职。他在新社会里获得的合法稳定的收入，夯实了他得以实现劳动自由和审美自由的物质基础。

新中国成立后，中国共产党人结合自身发展实际、知识分子改造思想的主观要求等原因，积极进行理论探索，逐渐摸索出对于知识分子阶层群体的改造之路，要求每一个人特别是知识分子应该具有适合于社会主义社会的政治态度，并且改变自己的世界观，全心全意地站到工人阶级这一边来，以便更好地奉献一切力量，为人民服务、为社会主义建设服务[2]。知识分子改造政策成为周瘦鹃身份转换的合法化途径。20世纪50年代初到60年代中期，党和国家领导人对周瘦鹃表示了关心，鼓励他多写作，为繁荣社会主义文坛做出贡献。苏州市园林管理处专门组织修缮紫兰小筑（图19）。[3]依据知识分子改造的要求，周瘦鹃需要重新规划和设计自己的新身份，这个新身份不但要符合知识分子改造

图19 紫兰小筑内景（2000年）

的政策，又要符合个人优长与气质。要满足这些条件，只有"园艺家"的身份比较适合。社会主义条件下劳动者的劳动也成为自由自主的活动，现实社会是人的本质力量的逻辑展开，也成了他自身的对象化，人真正成为

[1] 周瘦鹃：《姑苏书简》，新华出版社，1995，第162-163页。
[2] 罗竹风：《从个人主义谈知识分子改造问题》，《学术月刊》1958年第6期。
[3] 周瘦鹃：《姑苏书简》，新华出版社，1995，第44页。

社会历史的创造者。[1]周瘦鹃参加了与园艺有关的社会服务工作，如应邀出任苏州园林整修委员会委员，参与园林的修建工作，这些工作契合了他的审美取向，是他获得社会主义劳动者新身份的标志，是以他在《西江月词》中毫不掩饰自己的激动心情："举国争传胜利，居家应有知闻。红旗竞赛一重重，心志能无所动？ 早岁出撄尘网，暮年退拥书城。济时也仗老成人，那许巢由隐遁！"[2]

---

[1] 贺兰英：《中国特色社会主义劳动精神的内涵》，《南方论坛》2018年第5期。
[2] 周瘦鹃：《苏州游踪》，金陵书画社，1981，第1-2页。

第三节　新劳动塑造新面貌

在种花植草的园艺劳动中，周瘦鹃重拾了生活的诗性。他的居住环境不再是拥挤嘈杂的市井，工作环境不再是散发石墨味的印刷厂和狭小逼仄的报馆，交往环境不再是灯红酒绿的餐店歌场，他来到了清新自然的花圃中，成为自由审美、自由劳动的主体，这使他感觉如获新生，"我性爱花木，终年为花木颠倒，为花木服务；服务之暇，还要向故纸堆中找寻有关花木的文献，偶有所得，便晨钞暝写，积累起来，作为枕中秘笈"[1]。他也爱屋及乌地偏爱颂花的诗词，在晨钞暝写之余，还要在花前三复诵之，觉此花此诗，堪称双绝，真的是花不负诗，诗不负花了，他还将自己的工作比喻成两条腿走路，一条腿是文艺，一条腿是园艺[2]。园艺既是一种符合他的审美趣味的文化活动，也是一种表现他为人民服务志向的社会主义劳动，他对园艺的追求和新中国的政治方向显现出一致性。

周瘦鹃将园艺劳动带来的幸福愉悦感融入散文创作中，浇灌成融劳动之美和文艺之美于一炉的充满强烈情感和生命力的写作新类型——"园艺散文"。他常在散文中提到紫兰小筑，如"我苏州园子里""吾家紫罗兰庵南窗外""吾园弄月池畔"，向读者不无骄傲地介绍"园艺散文"的创作地。这些园艺散文和他早年创作的谈情说爱的小说不同，主要描述了他"莳花做盆"的劳动经历和体验，契合了社会主义建设的火热现实，鲜明地呈现出以社会主义劳动为中心的创作立场。他的园艺散文发表于《人民日报》、《光明日报》、《新民晚报》（图20）、俄文版《人民中国》、英文版《中国建设》上。这些文章后来汇集成册出版，如《花前琐

---

[1] 周瘦鹃：《花木的神话》，载范伯群主编《周瘦鹃文集：散文卷》，文化出版社，2010，第171页。
[2] 周瘦鹃：《姑苏书简》，新华出版社，1995，第251页。

记》《花前续记》《花前新记》《花花草草》,还有诗集《农村杂唱》。周瘦鹃"盆景专家"的形象因此广为人知。他在园艺散文中将园艺视为社会主义美好生活的代表,抒发对生活、自然、社会的真切感悟[1],行文风格简单质朴,显示出明朗、向上之底蕴[2],主题、立场和语言上都符合社会主义的文艺思想,成了"人民文学"的新类型,表征出"园艺家"身份与"为人民服务"的主流意识形态的一致性,从而获得社会主义新文学市场的支持。人们兴致勃勃地阅读和热烈地赞美周瘦鹃的园艺散文,令他坚定了从旧社会作家向新社会劳动者的身份转型的信心。

图 20　周瘦鹃发表于 1961 年 6 月 18 日《新民晚报》的文章《红英动日华》

值得注意的是,周瘦鹃在散文里很少提起自己的"文学家"身份,而是反复提及园艺喜好,这与他的政治警觉有关。1942 年,毛泽东同志的《在延安文艺座谈会上的讲话》从政治上宣告了鸳蝴文学的破产。新中国成立后,鸳鸯蝴蝶派作家成为思想改造的对象。[3]周瘦鹃的文学事业得到了旧社会评价体系的高度认可,那些曾经批评他的左翼知识分子的思想获得了意识形态合法性的确认,他擅长的"你侬我侬"的小说早已没了市场,"人民文学"作为符合意识形态要求的合法作品也成了文学市场的主要

---

[1] 孙予青:《转型与流变:周瘦鹃后期创作与心路研究》,硕士学位论文,苏州大学,2014,第 54 页。
[2] 王晖:《周瘦鹃散文简论》,《苏州大学学报》(哲学社会科学版) 2003 年第 1 期。
[3] 范伯群:《中国大陆通俗文学的复苏与重建》,《韶关学院学报》2002 年第 11 期。

类型。他为自己的"文学家"身份感到的焦虑直到后来被官方正式认可后才慢慢褪去,所以他从"文学家"到"园艺家"的转型是在时代发展、文化演进和心理调适中渐渐完成的。

劳动的审美功能包括生命运动的功能。生命机体需要一定的活动来满足本身的运动要求。劳动生产作为全身筋肉活动,是机体得以充分活动的一种方式[1],能使人感受到生命的欢乐,从而产生强烈的满足感和愉悦感。周瘦鹃18岁时就犯了须发眉尽皆脱落而且不再长出的重疾,身体底子薄,加上长年脑力劳作令周瘦鹃积劳成疾,使得他不由感叹:"吾们这笔耕墨耨的生活,委实和苦力人没有甚么分别"[2]。气喘常常折磨着他,"席散已将九时,愚以病咳遄归,不及观是夕舞踊之盛,为憾事耳"[3]。他还有肠胃痛和肺部的疾病,1929年他在《上海画报》的一篇文章中说自己"两叶坏肺"。他这么形容自己:"别号最带苦相的要算是我的瘦鹃两字。杜鹃已是天地间的苦鸟,常在夜半啼血的,如今加上一个瘦字,分明是一头啼血啼瘦的杜鹃。这个苦岂不是不折不扣十足的苦么。"[4]"啼血"隐喻着他的肺疾。与之形成对比的是,新中国成立后的园艺劳动不仅给他带来了形体的健康,而且带来了内心的愉悦。在紫兰小筑的一次花木种植劳动后,他欣喜地说:

> 有些种在地上的花枝,没法移到室内去作供的,我就等它开到八九分时,就剪了下来插在瓷瓶里或水盘里,作为几案上的清供,像春天的玉兰、海棠、绣球、牡丹、芍药、蔷薇、月季等,夏天的广玉兰、水葫芦、大丽、菖兰、萱花、莲花等,都是插花的好材料。到得布置就绪供上几案之后,还须天天留意他们的精神面貌,傍晚总得移到室外去过夜,吸收露水。供了二三天,如果发见花瓣上有些焦黄,就把它略略修剪一下,直到花瓣脱落,没法维持下去时,才掉换新花,重行布置起来。有些花像容易脱落的凌霄和美人蕉等,花朵散落在地,十分可惜,我就一朵朵拾起来放在浅水盘里作供,也可观赏二三天之久,一面还可随时轮换,直到原株上花朵开尽为止。就是那些瓷瓶和

---

[1] 陈鼎如:《略论劳动美学》,《中国人民大学学报》1990年第3期。
[2] 瘦鹃:《噫之尾声:噫,病矣》,《礼拜六》1915年第67期。
[3] 瘦鹃:《凤凰试飞记》,《上海画报》1928年5月6日,第3版。
[4] 瘦鹃:《别号的研究》,《礼拜六》1921年105期。

水盘中插供的残花败叶，我也决不随意丢掉，而放到草汁缸中去作为绿肥。[1]

园林劳动改变了周瘦鹃的精神状态、精神面貌和精神品质，使他显现出积极健康的劳动精神，"说也奇怪，我似乎也受了这些小生物生气勃勃的感染，顿觉精神焕发，满身平添了活力"[2]。周瘦鹃在劳动中挥洒汗水，既增强体力，又心情舒畅（图21）。他欣然于自己在日常起居之所"凤来仪室"中与花草为伴的美好生活，"我每天在这里阅报读书，眼睛花了，就停下来看看这些展品中的蒲石和小竹。写

图21　周瘦鹃侍弄盆景

作告一段落时，就放下了笔，看看那几个山水小盆景，神游于明山媚水之间。一日三餐，我也是在这里独个儿吃的，边吃边看那些五色缤纷的瓶花，似乎增加了食欲"[3]。 曾经受困于体倦神乏的周瘦鹃对园艺劳动带来的身心健康颇感自豪：

> 今日年已花甲的我，矫健活泼，仍像旧日的我一模一样。曾有一位人民政府的高级干部，问明了我的年龄，他竟不相信，说我活像是一个四十多岁的人。为什么我现在还不见老呢？实是得力于爱好劳动之故。二十年来，我从没有病倒过一天，连阿司匹林也是与我无缘的。我的腰脚仍然很健，一口气可以走上北寺塔的最高层，一口气也可跑上天平山的上白云，朋友们都说我生着一双飞毛腿，信不信由你！[4]

[1]　周瘦鹃：《姑苏书简》，新华出版社，1995，第244页。
[2]　同上书，第222页。
[3]　同上书，第246页。
[4]　周瘦鹃：《劳者自歌》，载范伯群主编《周瘦鹃文集：散文卷》，文汇出版社，2011，第84页。

园艺劳动给周瘦鹃带来了强壮的身体和勃发的精神，是以他乐呵呵地自称"新中国的老少年"[1]。他在园艺劳动中获得的不再是稿酬之乐，而是劳动者身份获得认可的内心愉悦，是脱去物质束缚后的心灵自由。人们在自己制造的产品中还能直观到自己，意识自己的才智和力量得到感性的显现，产生美感，感到一种自由创造的愉快。在创造性劳动中，人们按照自己的理想、愿望，发挥自己的智慧、才能和力量，表现出勇敢、坚毅、灵巧、机敏等可贵的品质。[2]劳动给周瘦鹃带来了通透的身心愉悦，产生了他的劳动生活美学，首先表现为进入新社会后无比欣喜的情感。贾植芳说周瘦鹃跨过旧时代的门槛，满怀喜悦和感奋的心情，是贴切合理的。[3]周瘦鹃曾将苏州视作"劳动之城"，认为热火朝天的劳动景象构成了最美的生命力，还专门写过一首诗赞美"劳动苏州"："苏州好，非复旧吴城。烟突林林如笋茁，机声轧轧作雷鸣，工业创新生。"[4]他通过对工农阶级等劳动人民群体的赞美，首先表达了对劳动者新身份的热烈渴望和从充满焦虑的谋生劳动向田园诗般的园艺劳动转化后的快乐心情。其次表现为对来之不易的时代机遇的把握之意和奋起直追的进取之心。周瘦鹃说抓紧时间，好自为之，做一个新时代里力争上游的老少年[5]，他的意思并非想赚钱养家，而是用劳动为人民群众服务，为社会主义建设添砖增瓦。周瘦鹃将劳动视为报答新中国政府知遇之恩的回馈。他时刻准备着利用一切机会和各种创作方式讴歌与赞美新社会，为新中国的前行鼓劲加油。

劳动从创造必要物质资料的本能活动转变成生活需要的自觉活动，在现实中和逻辑上都把理性的先验结构、感受的普遍本质还复给劳动本身。人审视对象、反思自我、批判世界不再依赖于任何外在规律，只秉承美的规律。[6]盆景艺术作为周瘦鹃的劳动生活美学的凝练与结晶，展现出了亮眼的技艺之美。所谓技艺之美，指人在物质生产经历中对艺术化，情趣化的艺术表现，强调了人在从事物质生产活动中对艺术化和情趣化等因素的

---

[1] 周瘦鹃：《姑苏书简》，新华出版社，1995，第260页。
[2] 陈鼎如：《略论劳动美学》，《中国人民大学学报》1990年第3期。
[3] 贾植芸：《序》，载周瘦鹃著：《姑苏书简》，新华出版社，1995，第6页。
[4] 周瘦鹃：《姑苏书简》，新华出版社，1995，第2页。
[5] 同上书，第28页。
[6] 高星、赵雪：《劳动美学与主体生成：马克思劳动美学的生命现象学》，《东北师大学报》（哲学社会科学版）2020年第4期。

追求。[1]要之，他的盆景艺术之美主要体现于三方面。

首先，善于借势自然。在制作菊花盆景时，周瘦鹃将自然引入方寸间，营造无穷意境出来，"我的盆菊都取自然的姿态，不象人家菊花会中的一般盆菊，枝枝都用竹子支撑扎得齐齐整整地呆在那里"，他的理念是"在可能范围内听其自然，好象是生在墙边篱角一样这才符合它那清高的品格，而不同凡卉了"[2]。这种效仿自然，亲近自然的盆景艺术来自对于大自然的现实景观的仔细观察，必须"胸有丘壑"，在游山玩水中观察大自然的造景艺术，从岩壑、溪滩、田野、村落及崇山峻岭之间寻觅奇树怪石，利用或改造以作制作盆景的好材料。同时必须"腹有诗书"，知识经验来自经常观摩古今名画，以供参考，挑选合适的构图，用作盆景的范本。[3]研究者这样评价他的盆景艺术："以文人意趣挑拣天然山石花木，欣赏它们蕴含的'笔意'，却不绳束以显'笔意'"[4]，"富于审美观念，爱花成癖。不论盆栽盆景，经他设置，都成佳品"[5]。周瘦鹃向往自然，却不以人的意念强行改造自然，而主张充分利用自然已有条件，将人工优势与自然优势巧妙融合，从而塑造出生机盎然的新景观。

其次，精于景观搭配。第一，盆景与器皿的搭配。紫兰小筑里的花篮形大红袍陶盆中种着"松间明月"，翡翠色六角形瓷盆种着"八宝珠环"，清代嘉、道年间名家杨彭年手制的八角形紫黄色陶盆中种着"紫玉盘"，"深紫色的花瓣形成一片，恰象盘子模样"[6]，菊花颜色和盆器的颜色、质地形成了美的和谐与统一。周瘦鹃在插花时注重瓶器与插枝花叶的大小、数量、形状、色彩及陪衬的物品的协调。他曾用古老的浅水盘插一枝半悬崖的朱砂红梅，用一只旧茶壶插黄菊花配猩红的枸杞子，"妙趣横生"[7]。第二，盆景与外界环境的搭配。他在园子里"梅屋"的东角和西角的矮几上放置两盆绿梅，与屋影的婆娑光线映衬出疏影横斜的美感。"凤

---

[1] 洪凤桐：《劳动的审美与劳动美学》，《中国工运学院学报》1992年第2期。
[2] 周瘦鹃：《姑苏书简》，新华出版社，1995，第17页。
[3] 同上书，第70页。
[4] 黄世琰、刘冠：《"留白"的艺术——周瘦鹃盆景艺术研究》，《艺术教育》2016年第2期。
[5] 陈新伟：《园艺专家周瘦鹃》，《中国花卉盆景》1995年第7期。
[6] 周瘦鹃：《姑苏书简》，新华出版社，1995，第15页。
[7] 祝一勇：《读周瘦鹃花木小品〈插花〉》，《文学教育》2019年第11期。

来仪室"的窗外,种下素心腊梅,旁边配上天竹,相偎相依,恰像两个好朋友[1],树、竹、窗和黄花红叶,颜色与位置的协调恰到好处,体现了造园艺术的借景手法。第三,色彩的搭配。他在菊花盆景的制作中,将粉霞色的"织女"旁边配上浅紫色的小菊花,老树桩后配上五朵火黄色的大菊花,三盆名菊的颜色分别是绿心细白瓣的绿窗纱影,配着一枝金镶碧玉竹的黄菊"电掣金蛇",以及嫣红丁香菊。[2]

  再次,长于意境创造。周瘦鹃善于使用看似普通的器皿与花草搭配以营造别具一格的意境。郑逸梅曾认为破瓮不适合用来栽种名花,但周瘦鹃反其道而行之,用破缸栽种竹子与紫罗兰,结果效果出奇的好,看过的人赞不绝口,见者佥誉其美[3]。在名为"孟浩然踏雪寻梅"的盆景中,他在紫陶的长方形浅盆里种一株只开了二三朵花的枯干的官粉梅,在枝干上、石块上、枝条上和土面上,都洒了一些石粉,借此代雪;盆的一角,安放一个戴着风帽披着斗篷的彩陶老叟造像,在这个盆景中,倚斜作态,老气横秋的树身搭配彩陶老叟,一副诗人踏雪寻梅的盎然景象呼之欲出。[4]在网师园的盆景展览中,他贡献的一块红色的浮石横峰种着一株小小翠柏,简单清隽,借用了小说《红岩》的名称,通过对革命者、劳动者的讴歌提升了艺术境界,博得观众好评。[5]周瘦鹃借此表达他对美的认识:美,不应是士子的无聊消遣与空虚慨叹,而应是劳动者的奋斗欢歌与前进号声,反映社会新风尚、响应时代新召唤的美才是社会主义劳动者应有的美。

  时人无不赞美周瘦鹃"创造美丽"的劳动,劳动产品的美也给周瘦鹃带来了沉甸甸的成就感。谢孝思称紫罗兰庵不愧为苏州住家中的"人间天堂"[6]。郑逸梅记录下紫兰小筑中花木繁盛的景观:"种植梅花很多,有红梅、绿梅、白梅、胭脂梅、朱砂梅、送春梅等,疏影横斜,香袭襟袖,人们称它为小香雪海。他徘徊其间,大有南面王不易之概。竹有十个不同品种,如紫竹、斑竹、文竹、棕竹、观音竹、寿星竹、凤尾竹、飞白竹、佛肚竹、金镶碧玉嵌竹,又有从洞庭山晚香书屋庭院中移来的方竹,成为君子

---

[1] 周瘦鹃:《岁寒二友》,载范伯群主编《周瘦鹃文集·散文卷》,文汇出版社,2011,第281页。
[2] 周瘦鹃:《姑苏书简》,新华出版社,1995,第17页。
[3] 郑逸梅:《款冬小识》,《乐观》1941年第8期。
[4] 周瘦鹃:《姑苏书简》,新华出版社,1995,第40页。
[5] 同上书,第32页。
[6] 谢孝思:《周瘦鹃和他的盆景艺术》,《民主》1997年第7期。

之林。其他如一丛紫杜鹃,乃潘祖荫家旧物。"[1]彩色电影纪录片《苏州园林》和《盆景》中每个园林的修建,周瘦鹃都参与贡献过力量;《盆景》一片中的盆景,十分之八是周瘦鹃栽植的盆景,周瘦鹃自豪地称之为多年来劳动的成果[2]。周瘦鹃在园艺领域的表现使他从脑力劳动者转为合格的体力劳动者,并且完全够得上"园艺家"资格了。

  融洽舒畅的劳动关系是劳动美学的主要标志。与世界诸关系的和谐是人类自由的标志。人与世界的审美关系是建筑在认识关系、实践关系两者之上的人与世界关系的高级形态。[3]周瘦鹃与他人形成了并非基于身份、资产而是基于尊重、信任的劳动交往关系,使得以往清高的周瘦鹃产生了对普通劳动者的深厚情感。老花工张世京从20世纪30年代初开始就为周瘦鹃家修剪花木,打理紫兰小筑。周瘦鹃视其如家人,常和老张一起劳动,"我跟花工老张就合伙儿忙开了,把那些连盆埋在泥地里过冬的许多大、中型树桩盆景一一挖起,分别布置起来。我又亲自地把温室中的百余个小盆景移了出来,陈列在前廊外的三层木架上作了一番整理"[4]。周瘦鹃这样描述他与老张在紫兰小筑美丽的花木世界中的劳动经历:

  园工老张,有个常年老例,一见玉兰花开,他就向自己下动员令,趁着四五个无风无雨的晴天,忙把那些连盆埋在地下过冬的大型和中型的盆景,一盆盆挖了起来陈列好了。我的一双手本来是闲不住的,眼瞧着老张干劲十足,也就加一把劲,把那许多保藏在温室中作冬眠的小盆景,用木盘子盛着……[5]

  由此可见,在紫兰小筑中,周瘦鹃和老张的关系不是雇佣的关系,而是相互帮助、一起劳动的合作关系,真正体现出社会主义时期的新型的人际交往关系。[6]

  周瘦鹃在紫兰小筑中接待了来自祖国各地以至国外的无数嘉宾,不论是知名人士,还是一般群众,均一视同仁、以礼相待[7],他不倚老卖老,

---

[1] 郑逸梅:《紫罗兰庵主人周瘦鹃》,《文学界》2007年第11期。
[2] 周瘦鹃:《姑苏书简》,新华出版社,1995,第3页。
[3] 章斌:《劳动美学引论》,《学术界》1989年第2期。
[4] 周瘦鹃:《姑苏书简》,新华出版社,1995,第215页。
[5] 同上书,第221页。
[6] 同上书,第43-44页。
[7] 朱安平:《苏州有个周瘦鹃》,《文史精华》2003年第4期。

对每一位来临的贵客都礼貌周至[1]。其中既有普通劳动者，也有记者，如人民画报摄影师[2]，梅兰芳传记艺术影片摄制小组[3]，还有各种文艺工作者如《西厢记》艺术模型的制作者陈文蔚[4]等。中法建交后第一位来苏州的法国客人汪德迈，因为读过周瘦鹃的《花弄影集》，慕名来紫兰小筑拜访。周瘦鹃向他详细介绍中国的插花、盆景艺术，并送《花前琐记》《花弄影集》《行云集》三册和两套盆景图片一套插花图片。[5]周瘦鹃邀日本岩波书店写真文库编辑部主任名取洋之助赏花，客人对着一盆名为"秋江"的绿菊最为欣赏，欣然摄入镜头。[6]朝鲜朋友张在德来苏州紫兰小筑拜访，周瘦鹃带他观摩历年珍藏的大型和中型古陶盆。张在德临走前把周瘦鹃用来栽花莳草的锯剪等工具和爱莲堂的几个盆景摄影留念，回国"参考"。[7]郑逸梅也说提到紫兰小筑中"一日之间，三变其色"的醉芙蓉和唐代白居易手植的"古槐枯干"吸引得"日本及民主德国名流往观，均摄影而去"[8]。漂洋过海的园艺作品向世界展现出"生活周瘦鹃"的新形象。

周瘦鹃在紫兰小筑里与来宾们热烈交流着花草文化和花木种植方法。这种交往不同于文学同人吟风弄月式的交往，而是围绕着"劳动生活"这一新社会的主流议题而开展的、以建设社会主义现代化的崇高使命感为中心的、充满昂扬向上情怀与相互扶持的无私情感的交往。正如朱安平所说："在他呕心沥血、殚精竭虑的营造下，周家花园更是成为苏派盆景一个重要基地而闻名于国内外，先后刊行彩色画片，拍摄为彩色电影记录片，多次在全国各地展播。一年四季到紫兰小筑参观的来宾络绎不绝，他们中有的来自祖国四面八方，有的远及五大洲数十个国家，还有港澳同胞和海外华侨。不论是知名人士，还是一般群众，周瘦鹃均一视同仁、以礼相待，人们漫步于花木丛中，分享着主人辛勤劳动的欢欣。当作别时，他总是习惯地把来访者引进紫罗兰庵，一面亲自磨墨，一面请来访者签名留

---

[1] 黄恽：《情哀周瘦鹃》，《文学教育》2017年第8期。
[2] 周瘦鹃：《姑苏书简》，新华出版社，1995，第40页。
[3] 同上书，第49页。
[4] 同上书，第101页。
[5] 同上书，第175页。
[6] 周瘦鹃：《日本来的客》，载范伯群主编《周瘦鹃文集：散文卷》，文汇出版社，2011，第32页。
[7] 周瘦鹃：《姑苏书简》，新华出版社，1995，第217页。
[8] 郑逸梅：《紫罗兰庵主人周瘦鹃》，《文学界》2007年第11期。

念。这是紫兰小筑最为鼎盛的时期。"[1]紫兰小筑成了周瘦鹃与劳动人民阶层建立互补互助、互通互信的联系的新场域。作为园艺劳动的成果，紫兰小筑的盆景多次走出小园、走向大众，成为他的劳动生活美学的传播载体。广州文化公园"苏州盆景展览"期间，周瘦鹃认真阅读了观赏盆景的群众写下的意见，与广州市盆景艺术研究会的三十多位会员见面，忙着接待新闻记者、摄影记者、诗人、词客、画家、文艺工作者、园艺工作者等。[2]在网师园的一次展览中，周瘦鹃"独个儿将一座'濯缨水阁'包了下来"[3]。他欣喜地说道："我这陶渊明、林和靖式的现代隐士，突然走出了栗里，跑下了孤山，大踏步走上十字街头，面向广大的群众了。"[4]在那个私人生活被政治化的时代，紫兰小筑成为周瘦鹃与劳动人民良性互动的公共艺术空间。他的园艺劳动既建立起他通向劳动人民的身份连接，也打通了劳动人民领略生活美学的审美连接。

周瘦鹃的人生经历了两次身份转型。一是20世纪20年代从科举入仕的旧文人向依靠现代文学市场谋生的新文人的"生计转型"，通过对现代性器物的占有和现代意识的演绎，形成市场化的现代传媒和大众娱乐产业主导下的公共空间，参与都市文化建设，表现出鲜明的现代性[5]，从而确立了他的"文学家"的身份。二是新中国成立后生活方式、价值观念、文学创作取向协同变化的"生活化转型"，这种将个人生活融入"为人民服务"的社会主义生活的转型确立了他的"园艺家"的身份，即从文学家向园艺家的转移过渡[6]。20世纪现代文人普遍经历了身份的第二次转型，然而研究的落脚点却有不同。学者多将目光对准"延安时期"从上海到延安的左翼文人，研究他们在革命知识分子的身份转型中的心态。这一时期通俗文学作家们多半居于上海等繁华都市，所以他们没有经历"革命化"的身份转型。他们的第二次转型发生在建国后的"知识分子改造"中，也就是从旧社会的文学市场里孵化出的文人转变为新中国的社会主义劳动者。应

---

[1] 朱安平：《苏州有个周瘦鹃》，《文史精华》2003年第4期。
[2] 周瘦鹃：《姑苏书简》，新华出版社，1995，第121页。
[3] 同上书，第32页。
[4] 周瘦鹃：《劳者自歌》，载范伯群主编《周瘦鹃文集：散文卷》，文汇出版社，2011，第84页。
[5] 王进庄：《20世纪一二十年代旧派文人的转型和现代性》，《复旦学报》（社会科学版）2009年第4期。
[6] 张永久：《变了调的夜莺在歌唱》，《长江文艺》2013年第3期。

该说,"劳动者"转型和"革命者"转型还是有很大区别的,如通俗文学作家并未担任相关文化部门的要职,没有进入"文学-政治"的核心,他们的转型更接近于"生活化转型"而不是"政治化转型"。换言之,20世纪现代文人的转型形成了"生活化转型"和"政治化转型"的两种范式。在两种范式的比较视野下,作为通俗文学作家代表的周瘦鹃的第二次转型的考察意义就显现出来。

青年的周瘦鹃勤劳努力创造美好生活,中年的他用生活美学重构心灵安宁,走向了更加包容随和的境界。他在莳花弄草、修篱烹茶的生活中显示出应景随季、有则乐无也欢的劳动美学,从旧社会的焦虑的劳动者转变为新社会的幸福的劳动者。当下劳动进入到了消费社会,形成了有别于生产社会的劳动美学。如果说生产社会强调的是产品,是技术为产物的美学形态的话,那么,在消费社会中,更加强调的是符号的美学形态。很多劳动并不直接生产产品,而只生产情感。信息技术全面介入人的日常生活,催生出新的人际交往关系,"情感"和"社会关系"的生产开始取代"理性"和"物质生产"变成政治、经济和文化生活的核心领域或者说成为金融资本主义时代资本积累和权力获取的一个核心技能,这种技能的大量生产和商品化,没有带来人类交往能力的整体提升,反而使我们的交往能力和情感性活动大踏步退化,情感劳动和情感操控变得越来越高度的商品化、工具化、专业化、科技化及可预测和可度量化。[1]这种情感性劳动更加具有工具性,高度商业化和工具化,却并不能为人类现实交往带来改进的可能。在现实走向虚拟、"体动"转向"情动"的劳动异化时代,劳动生活美学具有解构和祛除劳动异化以及随之而来的交往异化、内心异化的功能。周瘦鹃通过劳动心理转变、劳动智慧创造和劳动关系建构,提供了如何对抗异化的情感劳动、重回健康完整劳动的范式,正是对抗异化的劳动生活美学范型。它延续了发自古代尤其是江南地区的典雅精致的生活美学传统,响应了社会主义美好生活的期待与追求,在引导当代人走出精神生活的物化困境,转而追求崇高的精神生活,重新领受精神生活的真义[2]方面,具有独特的美学价值和现实的应用价值。

[1] 崔柯等:《市场化时代的劳动美学:新时期以来关于劳动的想像与书写》,《文艺理论与批评》2015年第6期。
[2] 罗富宴:《转型期中国人精神生活的物化困境及其扬弃》,《重庆邮电大学学报》(社会科学版)2014年第1期。

第六章 海上繁华 心灵故园：城市生活美学

"城市一直是小说家们的领地。"[1]与周瘦鹃的写作和生活有关的两座城市就是上海和苏州。1843年开埠的上海迅速发展为中国与东亚最大的工商业城市和国际都会，并形成了现代的海派文化。张仲礼在《近代上海城市研究1840—1949年》指出，上海是最具影响力，近代化起步最早、程度最高的城市，是多功能经济中心城市，上海也是文化中心，是精英文化、雅文化和通俗文化的文化中心。[2]近代的海派文化是以明清江南城市文化为底蕴、以移民人口为主体，缺失传统士绅功能，融合近代西方文化元素，以追逐实利为目的，彰显个性，立足大众，灵活多变的上海城市文化。具体表现为四个特点，即商业性、世俗性、灵活性、开放性。[3]王战将海派文化认为是江南文化的代表和主要形式。[4]从历史上看，苏州是江南乃至中国经济、文化的核心。早在一万多年前，太湖的三山岛就已出现了光辉灿烂的旧石器文化，成为中华民族的摇篮之一。商代末年，泰伯奔吴，带来了先进的中原文化。此后，吴国在此立国。吴王阖闾时期，兴建了吴大城，吴国也渐臻强盛，最终北上称霸。秦汉时期，今苏州地区纳入统一王朝的治理，经过孙吴政权的经营和东晋南朝的发展，到唐代中叶，苏州已经成为中国的经济中心之一。范成大《吴郡志》说：唐时苏之繁雄，固为浙右第一矣。宋元时期，苏州的经济文化得到长足发展。到明清时期，苏州的发展水平臻于巅峰，成为全国著名的经济和文化中心，影响直至今日。[5]明朝时苏州就已有发达的商业和服务业，带动了周围一带的发展，如松江就是当时全国的衣服纺织品基地。[6]明清时期的苏州无论在人口、经济还是社会、文化方面都处于引领全国发展的中心地位。张仲礼说：上海在宋代成镇，元代设县，明代筑城，在中国城市史上，远不能比西安、开封、洛阳，近不能比苏州、杭州。[7]苏州不仅是古代中国的重要经济中心之一，也是最有影响力的江南文化中心城市。

　　学界提到的"双城"一般指上海和北京或上海和香港，很少提及上海

[1] 帕特里克·莫迪亚诺：《时代·作家·城市》，杨振同译，《当代作家评论》2015年第4期。
[2] 张仲礼：《近代上海城市研究1840—1949年》，上海文艺出版社，2008，第18-19页。
[3] 熊月之：《上海历史文脉与海派文化》，《上海艺术评论》2018年第1期。
[4] 王战：《解码江南文化》，《社会科学报》2019年2月28日，第6版。
[5] 王国平、李峰：《苏州历史与江南文化》，苏州大学出版社，2020，第5页。
[6] 葛剑雄：《江南文化的历史地理启示》，《世界华文文学论坛》2019年第1期。
[7] 张仲礼：《近代上海城市研究1840—1949年》，上海文艺出版社，2008，第104页。

和苏州。上海和苏州，与上海和北京、上海和香港不同。它们之间虽然有文化差异，但却是同一景观、社会、文化背景下的差异，是大同中的小异，其文化形态的差异是江南文化发展变迁的过程中在不同城市中的转化。上海和苏州都处于江南文化圈内，具有江南文化的共性，但内部还是有差异的，尽管这种差异只是同一文化圈层内部的情调、格致方面的差异，而不同于文化形态的根本差异。刘士林认为，苏州文化的核心特点就是"诗性文化"，这种文化形态，使物质对象不仅实现它最直接的实用功能，同时也实现它更高的"审美价值"。[1]诗性显然不是海派文化的主导特征。上海和苏州紧密毗邻，处于对海外联系比较便利的位置，依托的都是广阔的江南腹地。两者之间，此起彼伏、一脉相承的关系相当清晰。[2]上海和苏州的差异其实是江南文化中的不同分支——海派文化和苏州文化的较量与融合。这样来看，游走于上海和苏州"双城"之中的周瘦鹃，他的城市生活显现的正是江南文化内部的诗性的苏州与"欲望"的上海的交流互动。周瘦鹃生于上海，但居于苏州。他与包天笑、范烟桥、徐碧波等文人一样，在上海谋生，在苏州安家。身体在上海，心灵在苏州。周瘦鹃并不因出生于上海就对上海产生认同。在生活、工作于上海的期间，周瘦鹃的内心常常荡起对诗性苏州的向往。这种诗性来自前上海时代的和谐、平稳、祥和的传统江南文化。近现代的上海的繁荣外表下涌动着饥渴、战乱、恐慌的暗流，这使"海派文化"在兼容并蓄、海纳百川的同时少了诗性，我们现在在重温江南文化时，尤其是要注重这种诗性对当代人的精神牵引和灵魂抚慰的功能。本章立足于江南文化内部海派文化和苏州文化的差异，以周瘦鹃"双城生活"为研究对象，描述两种文化的转化在他的生活美学上的烙印，以及经由他绵续的名士生活传统的当代延伸。

---

[1] 刘士林：《追寻江南诗性文化》，《光明日报》2021年12月24日，第13版。
[2] 张仲礼：《近代上海城市研究1840—1949年》，上海文艺出版社，2008，第104-105页。

第一节　告别摩登上海

海派文化的特点是开放、创造、多元,不故步自封、不排斥时尚,周瘦鹃和他的市民大众文学事业都受到了海派文化的深刻影响。陈建华这样分析周瘦鹃与海派文化的关系:将消闲与专研文艺相结合,紧贴都市时尚脉动,鼓吹新国民守则与新家庭生活,把名花美人的抒情美学、伦理价值以及文人雅集唱和方式融为一体,富于情思与文创的意味。[1]周瘦鹃并非只是游走于报馆、书房的"文人",也是游刃有余地过着海派生活的"市民",他的写作是他与日常生活接通的管道,其背后隐现着庞大的海派现代性空间。摩登上海传导给周瘦鹃一种现代气质。这种气质首先表现为既发挥己智,又善借他人之长的社会交往能力。周瘦鹃善于与各阶层、各职业的人士交往,很少夸夸其谈,自我炫耀。 与梅兰芳吃饭时,他仔细倾听梅兰芳畅谈中国电影,"畴昔之夕,朱陆等因宴之于大加利餐社,梅惠然肯来,而袁寒云兄与黄秋岳、文公达、赵叔雍诸子亦与焉。是夕梅来特早,畅谈至快,梅谓中国电影事业,已极发达,前途颇可乐观"[2]。与丁悚聚餐时,他在一旁观察,"日必与常觉诣质肆,观君写票兼作画"[3]。这种善于倾听与敏于观察的习性既与他的职业习惯有关,也受到了含蓄谦虚的文化人格的影响。他的这种性格受到了报馆同事们的喜欢。《申报》教育新闻栏中主编体育一栏的孙道胜邀请他去看足球,他"从善如流,好几次跑去尝试,果然如百龄机广告所谓有'意想不到之效力'"[4]。他邀同事、《申报》总主笔陈景韩来家吃饭,陈景韩为他拍了一张照片,照片中周瘦鹃

---

[1] 陈建华:《周瘦鹃与〈半月〉杂志——"消闲"文学与摩登海派文化(1921—1925)》,《苏州教育学院学报》2018年第6期。
[2] 瘦鹃:《梅花片片》,《上海画报》1926年12月27日,第3版。
[3] 瘦鹃:《吾友轶事》,《上海画报》1926年12月15日,第3版。
[4] 瘦鹃:《雄健壮烈之球战》,《上海画报》1928年3月6日,第3版。

图22 周瘦鹃"玉照"

面容精致,被陈戏称为"玉照"(图22)。同事与他结成的伙伴关系,为他提供了友好的工作环境。

广泛通达的社会交往为周瘦鹃带来了新的职业良机,将他的事业抬升至新的高度。他与电影人的密切交往可资佐证。

首先是他与演员的交往。1927年1月,他参加电影明星杨耐梅女士在武昌路安乐酒家"霏霏厅"举行的酒会,到场的都是电影界的大人物,"耐梅耗金半百余,治此一席,故肴核特精"[1],可谓豪华之至。周瘦鹃与演员郑鹧鸪亦有所交往。当郑鹧鸪去世时,他专门撰文悼念:"明星者谁,郑君鹧鸪也。鹧鸪为人甚干练,能尽瘁于公共事业,比投身影戏界,又能专心研究,崭然露头角,所主演诸名片,如孤儿救祖记中之老翁,诱婚中之恶少,好哥哥中之军人,均表演周至,出神入化……予与鹧鸪订交数稔,夙佩其英发,兹闻其死,窃为怆叹。当此影戏人才缺乏之际,实不可少鹧鸪。"[2]

其次是他与导演的交往。周瘦鹃常参加电影圈内人的聚会,如周瘦鹃、严芙孙、包天笑等人参加郑正秋儿子十五岁的生辰宴会,严芙孙有载:"月之二十四日,为老友郑正秋文郎小秋小明星出花园之吉旦……适其主演之小情人影片出世映演,是日诸友亲献游艺,藉伸庆祝……是日明星公司玻璃摄影场,布置一华丽堂皇之宫殿……予入席时,已近八时,餐堂内满苙嘉宾,后至者几无以容,咸以老寿星颂正秋,予与瘦鹃以迟到鹄立候补。迨遇缺入座,天笑毅华等数十人,又络绎而至,挨次候补,始得入座,计先后开席五次,盛况可想,左席为女明星之座。众星灿灿,照眼欲眩。"[3]周瘦鹃也有载:"六月四日,是电影小明星郑小秋的十五岁生

[1] 瘦鹃:《梅宴记趣》,《上海画报》1927年1月10日,第3版。
[2] 鹃:《明星失明星》,《申报》1925年4月17日,第12版。
[3] 严芙孙:《园外星光录》,《明星特刊》1926年第13期"四月里底蔷薇处处开"号。

辰,据说他们潮州人对于这十五岁的生日最为重视,叫做甚么出花园。因此这一天便在明星影片公司举行同乐大会,老友正秋,以太寿翁的资格,设宴相招,我便同着珍侯一块儿看热闹去。"[1]周瘦鹃与但杜宇关系很好,"导演者但杜宇君,但为海上名画师,曾观西方影戏甚多"[2]"吾友但杜宇,名画家也……其新制《重返故乡》一片,尤为聚精会神之杰作"[3]。周瘦鹃还有朋友凌怜影,原先是演新剧的,后来开办了影戏公司,"老友凌怜影,曩以新剧悲旦鸣于时,恨海一剧,久饮香名。自去红氍毹,习陶朱术,韬光息影久矣,比忽手创三星影片公司"[4]。导演卜万苍在《湖边春梦》上映前,专门写信给周瘦鹃,邀请他来看,说不定看了感觉会不错,"《湖上春梦》……卜万苍君之导演……卜君函约往观,谓此片他日公映,未必能叫座,顾君来一观,或喜之也。因欣然往"。周瘦鹃看完电影后,卜万苍专门在门口影后,周瘦鹃与他握手,称赞片子演得好,"观毕,满意而出。值卜袭二君于门,亟与握手道贺,盖私意此片实为二君成功之作也"[5]。

　　周瘦鹃为何受到电影人欢迎,原因在于他的文章的社会影响力很大。周瘦鹃在当时名气之大,甚至出现有人冒名的现象,如天津就有假冒周瘦鹃者准备"与津埠新闻界有所接洽,且有组织新小说报社,劝人投资或预约等表示"[6]。《申江画报》谎称请来周瘦鹃主编以招徕读者,周瘦鹃在《申报》上登紧急启事辟谣。每当大中华影片公司、晨钟影片公司、明星影片公司有新片出来,周瘦鹃都会邀文友撰写评论、诗文以作宣传,影片公司也常借他的文字为影片广告,如周瘦鹃为《钟楼怪人》写的影评就被用作广告:

> 予曩尝读法国名文学家嚣俄先生杰作《吾夫人寺之驼背人》……颇赏其描写情爱之有力,为前此所未见……美国电影界即以摄制此片闻。闻于彼邦影戏杂志中得见其照片,壮丽不可方物,因为之欢喜赞欣,不能自已。剧中演员……均能尽情表演,使观众之喜怒哀乐,授

[1] 瘦鹃:《郑寿琪记》,《明星特刊》1926年第13期"四月里底蔷薇处处开"号。
[2] 鹃:《记海誓》,《申报》1922年2月4日,第8版。
[3] 鹃:《志新影片〈重返故乡〉》,《申报》1925年5月15日,第17版。
[4] 鹃:《〈圆颅英雄〉与〈觉悟〉》,《申报》1925年4月12日,第12版。
[5] 鹃:《党人魂与湖边春梦》,《申报》1927年10月13日,第16版。
[6] 求是公:《周瘦鹃有假的》,《申报》1926年6月2日,第17版。

之于片中而不自觉,片成之后,曾在纽约连演至四十星期之久,其价值可想。兹此片已来吾国,映演于爱普庐,予既读嚣俄先生之书,又得观此影片,自诩眼福之厚,为年来第一。[1]

周瘦鹃与很多电影公司关系都不错。有人对明星公司影片提出异议时,他会主动辩护:"此片描写童养媳之苦痛,至为深刻……或有谓此片陈义过旧,缺少美感者,顾吾以为明星公司素喜描写旧家庭……则自不妨听其致力于此也。"[2]周瘦鹃通达百川的社会交往彰显海派文化兼容并蓄的特质。

周瘦鹃虽然在上海工作得风生水起,但是他从内心里对上海保持着疏离的态度。这种疏离感来自贫苦家庭艰辛谋生的辛酸经历及由此而生的对于大都市的心理隔膜。上海自开埠以后渐成移民城市,大量的内地资本和外国资本迅速流向以上海为中心的沿海地区,江南移民在上海逐渐形成一个庞大的群体。[3]周瘦鹃的父亲是从苏州迁入上海讨生活的移民,勤苦工作但生活贫困,无法给子女以更好的经济保障。周瘦鹃只是浮于上海的"文字劳工"而已。这种漂浮感、无根感造就了他对上海生活的矛盾情绪。周瘦鹃承认现代城市对人的谋生的价值,也认识到现代城市对人的心灵的悬隔和错置。他可以在上海成家立业,但不能在上海安身立命。他在上海谋生,但同时始终在寻找家园,深陷于"回家"的焦虑中。上海不是他的故乡,真正的亲人并不多。所以周瘦鹃的归属感并不浓烈。从血缘亲属来看,周瘦鹃在上海只有"亲人",而没有"乡亲",缺乏可以带来情感依靠的"亲群网络",孤独感、无根感构成了他主要的心理特征,所以周瘦鹃说自己生性孤僻,不喜欢参加任何正式的集会[4]。

笔者将同住上海的张爱玲和周瘦鹃做一比较。尽管周瘦鹃和张爱玲出生在上海,但两人的出生环境还是不一样的,张爱玲生活在租界之中的中上层环境。20世纪40年代崛起于上海文坛的张爱玲是一个土生土长的上海人。除年幼时在天津呆了两年和在香港上学的三年之外,她在国内生活的大部分时间都是在租界度过的。租界在当时的上海还是比较繁华的,张

---

[1] 鹃:《志新影片〈钟楼怪人〉》,《申报》1924年12月7日,增刊第1版。
[2] 鹃:《志明星之〈最后之良心〉》,《申报》1925年5月6日,第12版。
[3] 邹依仁:《旧上海人口变迁的研究》,上海人民出版社,1980,第116-117页。
[4] 周瘦鹃:《写在紫罗兰前头(六)》,《紫罗兰》1943年第5期。

爱玲并未品尝到生活之苦，属于中上阶层，在租界的生活构成了张爱玲的童年经验，这种经验内化成张爱玲的一种心理定势，形成她以后创作的一种"底色"。[1]而贫民家庭出身的周瘦鹃不大可能有张爱玲那种对于上海的深入骨髓的沉浸式认同和亲近感。周瘦鹃虽然依靠自己的努力衣食无虞，但是他从小是生活在上海的贫苦地区的，是经历过苦涩的上海生活的，是用整个儿童时代来感受上海的悲凉的。后期他依靠自己的努力成功跻身中产阶级，但是和张爱玲这种自幼便生活优渥的人相比，对于上海的认同度是不同的。上海对张爱玲而言是一个令其十分心仪的创作环境。理想的工作和生活的处所，给张爱玲提供创作条件和文化氛围，因此张爱玲是沉醉于上海的浮华之中的，与上海的那种忧郁气质和颓废之美是高度融合的。曾在上海编辑《万象》杂志的柯灵见过张爱玲在上海的穿旗袍的无比慵懒沉迷的气质，他清清楚楚地记得张爱玲的服饰，"一袭拟古式齐膝的夹袄，超级的宽身大袖，水红绸子，用特别宽的黑缎镶边，右襟下有一朵舒卷的云头——也许是如意。长袍短套，罩在旗袍外面"，体现出张爱玲从内心对上海的认同，她的存在就成为了"旧上海的象征"。[2]张爱玲的最出色的作品多在上海完成。1943—1945年短短两年内，经由《紫罗兰》《杂志》《万象》《苦竹》等杂志刊发了她一生中最具代表性的小说。张爱玲小说的"上海书写"以饱蘸情感的妙笔细腻描摹人物事件的兴衰百态，是她视上海为难以割舍的家园的标志。

相比张爱玲的对于上海的沉浸式认同，周瘦鹃对上海的态度是疏离冷淡的。周瘦鹃的文字中很少发现对上海的赞美与怀念，他几乎没有针对上海之城进行过单独的赞美和描写。周瘦鹃有过上海书写吗？严格意义上说没有。虽然周瘦鹃有不少文章对上海进行背景化的叙述，从小说到杂文都曾提过上海，但正儿八经的"上海书写"是没有的，只能说是"上海描写"。和张爱玲相比，周瘦鹃的"上海主题"的小说数量远远不及。在"上海描写"上也远逊于张爱玲刻画中产阶层的那种沉浸感。周瘦鹃的作品多从"旁观"视角观察上海。在小说《血》中，周瘦鹃写到四层高楼的电梯，房东请铁匠来造了升降机，"南京路某号屋中，有四层的高楼，单有盘梯，没有升降机。一年上屋主因为加了住户的租金，不得不讨好一些，就

---

[1] 焦雪菁、黄丹:《张爱玲的"上海眼光"》,《安徽广播电视大学学报》2011年第3期。
[2] 叶周:《张爱玲在上海的惊艳和渐隐》,《上海文学》2021年09期。

在盘梯的中央造起升降机来"[1]。这种闲笔向读者展露了上海摩登的一角。电梯是城市中上层人使用的现代化工具，当时上海第一部电梯是汇中饭店（现和平饭店南楼）内引进的奥的斯电梯。许多达官贵人入住此饭店，不仅显示其身价，也为了享受电梯之方便，而一般市民只闻其名、未见其影。在《血》中，升降机也是中上层人或者富户使用的，而造升降机的铁匠们生活在底层，有一人一不小心摔伤致死，引发"血"的惨剧。

1926年5月26日，《紫罗兰》"电影号"专号出版，主编为周瘦鹃，其中刊发了不少影射上海黑幕的小说，如郑逸梅的《银灯琐志》、周瘦鹃的《凤孤飞》、胡润光的《影场血痕》、蒋吟秋的《影戏场中》、胡天农的《秋波》、林丽琴的《银幕下的单恋者》等，都突出了上海的"罪恶性"。《惊变》中，女主角在电影院被杀害，凶手的遭遇却令人同情。原来被害人张美雪与凶手赵志诚是未婚夫妻，自从张美云进入电影界后就开始堕落，"失却了伊初时所抱的纯粹艺术观念"，"伊四周的朋友又大半都是堕落的人物"，赵下毒手的原因就是"以免伊再在社会上出丑了"，进而得出结论"实际上造就这桩惨局的却就是这个万恶的社会"。《秋波》中，一个爱慕虚荣的女子拒绝很多纯情男子的求爱，拒绝导演刘文的原因只是"他家里也没有什么钱，做一个导演又有什么出风头"，而她喜欢的男主角刘芙芝"每天汽车来汽车去的"，金钱代替真情成为女性择偶的标准，说明都市社会对人的负面影响。与后来左翼的现实主义批判相比，这种对都市浮华与虚荣的批判虽不具政治性的力度，却有文化性的深度。它没有指向社会体制的黑暗，而是指向人们内心的黑暗；它呼唤的不是社会疗伤体系的建构，而是内心自我疗伤体系的建构。这种心灵的批判要比社会的批判更加贴合当时受众的接受心理。如何重返乡村纯洁世界本就是周瘦鹃等人的小说创作或隐或显的主题，重返的方式之一就是依靠至纯的爱情来召唤走远的纯洁之心，但即便这种爱也在浮华和虚荣的都市里被浸染上世俗的毒素，本该承载和宣展这种纯洁之爱的女子，被浸染成充满物欲的女子。《凤孤飞》中，电影成为都市生活浮华性与虚荣性的代表，男主人公陈春波对都市生活既接纳又拒斥，接纳是由于他对现代生活的适应力很强，拒斥是由于他害怕都市生活破坏传统文化的伦理规则。小说通过他的反复喟叹

---

[1] 周瘦鹃：《血》，《礼拜六》1921年第102期。

"女子女子，你们是毒蛇是猛兽"来反衬女子的无情，体现都市与对女性及乡村纯洁文化的浸染，正如郑正秋所说：

> 兰荪与纫珠的结合可算是纯粹的恋爱，在兰荪心目中，并没有把纫珠看作一个小家碧玉，在纫珠的心目中，也没有把兰荪看作一个贵介公子，他们俩各任纯洁的天真，在一尘不染的村野中，紧紧偎抱着他们两心深处的真爱，领略那自然的优美，他们俩谁也想不到一入了繁华的都市，进了富贵的家庭，他们俩的恋爱生活就会不适用起来，奢侈骄淫的魔手，就在他们真爱中划了一道扞格，掀起恋海中的狂澜，几乎葬送了他们真爱的生命……在家庭制度婚姻制度没有根本改革以前，自由恋爱绝对没有独立的可能，拍成影片对于恋爱问题一定有不少的贡献。[1]

周瘦鹃刊发的这类小说映射出他对上海的矛盾情绪。他自己也创作过不少社会讽喻小说，廓绘了都市文化的复杂流动和变幻莫测的文化症候[2]。他虽生在上海，却不因此视上海为家园，反而怕上海，憎上海[3]，他这样表达对上海的感受：

> 在解放前，人人都知道，上海是罪恶的渊薮、绑匪、拐匪、恶霸、地痞、流氓、无赖、强盗、窃贼、骗子、赌徒、淫棍、阿飞等等，几乎都集中在上海，勾结了巡捕，包探，肆无忌惮地大肆活动，凡是犯罪学中的一切名词，在上海都可得到解答，因此把上海弄得乌烟瘴气，暗无天日。你要是一不小心，就要陷入陷井，小则伤财，大则丧生，至今回想起来，还觉得不寒而栗。[4]

1943年，张爱玲带着书稿来到上海西区愚园路小弄94号公寓见周瘦鹃。不久，应张爱玲之邀，周瘦鹃去其寓所商谈创作事宜。他带着《紫罗兰》创刊号样本乘了电梯直上六楼，由张女士招待到一间洁而精的小客室里。张爱玲和姑姑等他喝西式红茶。这顿精美的洋派茶点令周瘦鹃印象颇深。他写道："茶是牛酪红茶，点是甜咸俱备的西点，十分精美，连茶杯与

---

[1] 郑正秋：《摄空谷兰影片的动机（下）》，《明星特刊》1926年第7期"新人的家庭"号。
[2] 郑文惠：《身体政治与日常现代性：周瘦鹃社会讽喻小说的都市叙事》，《苏州教育学院学报》2018年第6期。
[3] 周瘦鹃：《姑苏书简》，新华出版社，1995，第139-140页。
[4] 同上。

点碟也都是十分精美的。"[1]张爱玲《小团圆》中的"汤孤鹜",正是照着周瘦鹃与她见面时的样子写的:

  汤孤鹜来信说稿子采用了,楚娣便笑道:"几时请他来吃茶。"九莉觉得不必了,但是楚娣似乎对汤孤鹜有点好奇,她不便反对,只得写了张便条去,他随即打电话来约定时间来吃茶点。汤孤鹜大概还像他当年,瘦长,穿长袍,清瘦的脸,不过头秃了,戴着个薄黑壳子假发。他当然意会到请客是要他捧场,他又并不激赏她的文字。因此大家都没多少话说。[2]

这一幕场景充满了新老交接的意味。周瘦鹃对张爱玲的回访象征了从老海派到新海派的交接。周瘦鹃把"上海文人"的冠冕戴在张爱玲头上,转身告别烈火烹油的上海,去往小城苏州。

---

[1] 瘦鹃:《写在紫罗兰前头(三)》,《紫罗兰》1943年第2期。
[2] 张爱玲:《小团圆》,北京十月文艺出版社,2019,第134页。

第二节　定居风雅苏州

按中国人买屋置地的传统，周瘦鹃在上海一直没有买房，因此上海不是真正意义上的家。周瘦鹃工作后为何不在上海买房呢？有研究者指出，当时比较有名的"头等文人"著述多年，作品颇丰，除稿酬、编辑费以外还有出书及增印的版税，以及其他来源，每月收入可达四百元。"二等文人"已经成名，稿酬为千字三至五元左右，可住三间房，每月房租二十多元，生活费至少一百六十元左右；月收入必须二百元。"三等文人"小有名气，稿酬为千字二至三元；若参加杂志社可有编辑费；若已开始独立出书，可有版税收入；住一层前楼加亭子间，每月房租十五元左右，若住两间房则月租金二十元以上，生活费一百二十元左右。最低的四等文人一般是初出茅庐的文学青年，稿酬为千字一至二元。[1]周瘦鹃的收入应不能与鲁迅这样的"头等文人"相比，他较少像鲁迅那样出版小说和杂文集，只是零星有一些游记出版，而且游记的市场影响力和小说、杂文比还是较弱。他的主要收入来源是编辑杂志的固定工资与发表文章的稿费，还有电影编剧的酬劳等。那么，周瘦鹃的收入究竟有多少呢？

我们来看一下和他的收入模式比较类似的包天笑的薪水。1906年在《时报》馆，狄楚青每月送他薪水八十元，工作是每月写"论说"六篇（大致三十元），其余为《时报》写小说（五十元），包天笑在《时报》编"本埠新闻"，故上午半天空闲，他又接受了《小说林》的事：去"小说林编译所"看小说稿子和编稿子。这份工作从上午九点钟至十二点钟，星期休假（报馆星期也不休假），每月四十元。这样包天笑每月的固定收入达到了一百二十元。明星公司邀请他长期合作，暂时定了一年合同，每月写一个电影故事，每月奉送酬资一百元。后来，《时报》的"顶梁柱"陈景韩被

---

[1]　陈明远：《晒晒民国作家们的生活收支》，《文史博览》2010年第1期。

《申报》以每月三百元——两倍于《时报》的薪水挖去，包天笑担任了陈景韩的工作，他在《时报》馆的工资也涨到一百五十元。这时，包天笑的收入达到了每月三百元以上。[1]这样，包天笑可以在上海租相对好一些的房子。[2]

周瘦鹃的工资应不会低于这个数字。他曾在自传体小说《九华帐里》对妻子凤君说，自己"每日伸纸走笔，很有兴致，一切用度还觉充足"。其实，用度"充足"之外还颇有盈余，他很快就搬出了每月一千六百文的三间小屋，住到法租界恺自迩路大安里口每月二十三元的小洋房里去了，[3]后来又迁居到租金三十五元的黄家阙。1921年，再次改善住房条件，在《礼拜六》上登求租启事：瘦鹃现拟迁居，需两幢屋一宅，以阳历九月初一起租，租价每月约二十元至三十元，满意者可酌加，读者诸君中如有自置之产出租，或有余屋分租者，请投函西门黄家阙瘦鹃寄庐。[4]据相关资料统计，20世纪20年代上海一般市民家庭（五口之家）的月收入为六十六元，其中用于住房的月租金平均为五元。周瘦鹃每月租房支出相当于当时上海一般市民半年房租，况且他还表示"可酌加"，足以说明这一时期收入

---

[1] 王晶晶：《新旧之间：包天笑的文学创作与文学活动研究》，博士学位论文，上海师范大学，2012，第27页。

[2] 包天笑1906年从苏州来到上海，要找一处房子住下，他在马路上找了很久，最后看到一条里弄的大门进口处贴了一张有房出租的广告，他与二房东交谈后租下了那套房子，租金颇为不菲，"近几年来上海日趋繁盛，因此空屋子也就不多。直到了第三天，已经跑到了爱文义路一条河浜边（这条浜，原名陈家浜），有条衖堂，唤做胜业里，是个新造房子，里口贴了招租，说是一间厢房楼要出租，实在那地方已经出了我目的地的范围了。我便不管什么，便跑进去看那房子。我叩门进去，有一十八九岁的姑娘，静悄悄的在客堂里做鞋子，容貌甚为美丽（就心理学家说：这个印象就好了）。我便说明要看房子，便有一位老太太出迎，领我到楼上看房子，本来是两楼两底，现在只把楼上一个厢房间出租，因为房子是新造不久，墙壁很干净，厢房朝东，后轩有窗，在夏天也很风凉。一切印象都好，我觉得很为满意。我问她租金若干，那位二房东老太太先不说价，详询我家中多少人？是何职业？何处地方人氏？我一一告诉她，她似乎甚为合意。她自己告诉我：他们家里一共是五人，老夫妇两人外，一个女儿，便是刚才所见的，还有一子一媳。他们是南京人，但是说得一口苏州话，因为她的儿媳是苏州人。她说：'我们是喜欢清清爽爽的，如果人多嘈杂，我们便谢绝了。你先生是读书人，又是苏州人，我们不讨虚价，房租每月是七元。'我立刻便答应了，付了两元定金，请她们把所贴招租，即行扯去。"（见包天笑：《钏影楼回忆录》，中国大百科全书出版社，2009，第314-315页）

[3] 瘦鹃、丁悚：《九华帐里》，《小说画报》1917年第6期。

[4] 瘦鹃：《瘦鹃启事》，《礼拜六》1921年124期。

颇丰。[1]

  虽然他的收入不低，但还是不足以在上海买房。十九世纪中叶太平天国起义和小刀会起义相继发生时，大量难民涌入租界，到了太平天国末期，上海的外国租界里已有超过11000的中国人，租界当局和资本家建房租给中国人牟利，于是上海最早的房地产市场正式产生了。[2]这一时期的房地产开发商规模都比较小，业务庞杂，专门从事住宅建筑的不多。许多房地产开发商建好住宅之后并不是全部销售，而是用于租赁。其根本原因在于住宅销售或住宅过户，中间的税收、规费和手续费过高。有关方面调查统计，这种中间税费占购房款的23%。如果是二手房交易，还要交土地增值税（累进税）。房地产开发商不愿卖房，城市居民不愿买房，因而住宅租赁市场才特别红火。[3]周瘦鹃在1919年至1932年编了近13年的《申报》自由谈副刊，后来又主编《申报》春秋副刊约6年，直到抗战爆发时终止。《申报》馆位于上海公共租界与汉口路的西南转角，周边住宅房价很高。相对而言，租房比较划算。当时租房是上海不少文艺家的常态。张爱玲、徐凌云（周瘦鹃好友）都是租房居住的，只不过他们租的是高级别墅。

  与租房生活相对应的是，周瘦鹃在内心始终将上海视为谋生场域，而非理想家园。客居上海的生活充满挑战，但也如同浮萍般滋生出内心的不安定感。所租房子也十分局促，没有达到他对生活品质的要求。由于上海房屋紧缺，几乎每家里弄房子都增加了房间和楼层，用以租给多户人家居住。根据上海市政府的1936—1937年的居住情况的调查显示，几乎每一户接受调查的房屋都经过了不同程度的改建。居住于此的周瘦鹃可以按照自己的美学要求设计内部环境，但却无法改变拥挤嘈杂的外部环境。他当然想拥有一套真正让自己住得舒心的住宅。苏州成为他寻找符合他的购买能力和美学要求的住宅的首选之地。他毫不掩饰对苏州的喜爱，他说："我生长上海，上海原是我的第二故乡，但我总也忘不了山明水媚的苏州。"[4]

---

[1] 刘铁群：《〈礼拜六〉作家群的生态与心态》，《广西师范大学学报》（哲学社会科学版）2006年第4期。
[2] 卢汉超：《霓虹灯外：20世纪初日常生活中的上海》，上海古籍出版社，2004，第132页。
[3] 张念瑜：《民国时期城市地价、房价和房租问题》，https://net.blogchina.com/blog/article/536901260，访问日期：2019年8月18日。
[4] 周瘦鹃：《还乡记痛》，《旅行杂志》1946年第1期。

刘铁群将之解释为苏州情结:"这批以苏州人为主的江浙文人毕竟不是真正由近代上海都市文明培养起来的都市儿女,他们不可能在短期内改变由那个'苏州'式的江南古城所塑造成的气质、情趣、爱好以及思维习惯和价值观念。他们表面上似乎融入了上海的市民社会,但内心深处却有着挥不去的苏州情结。"[1]在这种"苏州情结"的影响下,周瘦鹃将"理想之家"的形象设计成了苏州园林的模样:

> 我若有一栋房子,床榻应该紧靠着窗户,窗户不用密封性过好,木框玻璃的便可。窗外则要讲究些,需有一块玲珑别透的太湖石、一棵西府或者垂丝海棠、一丛芭蕉和一株金桂。如此便可以夜晚熄灯之后,躺在床上,春弄海棠花影、秋醉桂香阵阵、夏日里听雨打芭蕉如仙乐齐奏、寒冬中闻风打石心似别时鸣咽。岂不美哉?至于翠竹,虽清雅但实在招惹蚊子,还是不要太靠近得好。屋内倒无需什么,一盆国兰摆在床头便可。日日醒来,第一件事,便是提醒自己应做个君子。[2]

周瘦鹃后来在苏州买下的、前身为清代大书法家何绍基裔孙何维构的"默园"的紫兰小筑满足了他对风雅安居的理想,成为他散养身心、逃避浮华的终极家园。从他在1943年5月在紫兰小筑中小住几天的生活中,完全能够看出他对清闲安逸、悠游自在的风雅生活的满意状态(表2)。

表2　1943年5月周瘦鹃在紫兰小筑里的友朋往来

日期	友人	事由
5月13日	无	无
5月14日	老友赵国桢、夫人郭女士来	为家庭集会借盆树
5月15日	老画师邹荆庵来	闲话别情
5月16日	去护龙街赵国桢家	长谈
5月17日	去马医科邹荆文,见邹老夫人	互话家常
	与邹荆庵共进午餐	餐后逛神仙庙
	见老画师陈迦庵	把盏共话
	晤桑芳园主人朱寿	谈种花经验
	画师范子明	邀赴其家

[1] 刘铁群:《鸳鸯蝴蝶派作家的苏州情结》,《小说评论》2008年第5期。
[2] 朱敬恩:《花草遗恨:慢读周瘦鹃》,《民主》2020年第11期。

续表

日期	友人	事由
5月17日	徐觉伯	走访
	邹荆庵	同访
5月18日	徐觉伯、邹荆庵	邀请来家聚餐
	朱犀园	走访于苏公弄袖园
	园艺家张启贤	拜访
5月19日	邹荆庵	去邹家午餐
	兴古斋主人华仲琪	会晤购盆
5月20日	朱犀园	来访
	陈迦庵	走访参观其所蓄盆树
	含英社丁慎旃	同访
	赵国桢、赵夫人、郭夫人、薛慧子和张指达伉俪	晚餐
5月21日	邹荆庵	话别
	邻居黄征夫	小谈

苏州是周瘦鹃写作中常常使用到的背景。他以编辑身份编发了不少苏州作者以苏州为背景的文字。如《紫罗兰》中刊发的不少"电影小说"就以苏州为背景。《惊变》是这样写的：紫云与芷芳在苏州电影青年会里约会，观看吴光影片公司第一次所出的新片《情海波》，会场中早已人头济济拥挤万分了，但那后来的观众却仍潮水一般，拥挤而来。这类文字不断地向全国读者宣传着苏州的风物人情。此外，他的早期小说、散文在主题、情节、修辞上都隐露着苏州文化的唯美气质的影响，如他的小说，语言辞章华美而多愁善感，被陈建华称为"回归抒情传统"[1]。蒋霄则认为周瘦鹃的文字与昆曲有相通之妙：尽管周瘦鹃的部分文学创作在内容上与昆曲的联系不大，它们的传情达意都与昆曲艺术一脉相承，并不断地渗透进他的创作中。[2]苏州文化成为周瘦鹃文学事业的

[1] 陈建华：《"诗的小说"与抒情传统的回归：周瘦鹃在〈紫罗兰〉中的小说创作》，《苏州教育学院学报》2011年第2期。
[2] 蒋霄：《试谈昆曲艺术对苏州现当代文学创作的影响：以周瘦鹃创作作为考察中心》，《文教资料》2016年第3期。

底色。

苏州相对上海而言是一个小城，但并不意味着苏州是落后的。民国时期的苏州反而可说是颇有现代感的，出现了不少现代色彩鲜明的戏院、影院、照相馆、百货公司、银行等建筑。观西一带更是出现了一定规模的银行街。现代意义上的广告牌也常现身于苏州。1946年8月，苏州小公园（北局）就被一家广告公司看中，准备与当局洽商，在小公园四周，竖起铅皮牌。广告牌成为占据街道和天空一角的现代景观。1932年，阊门地区新建卡尔登影院，"悉仿照海上电影院建筑"[1]。苏州女性喜欢看电影。《空谷兰》至苏州放映之际，就吸引很多女性，她们对片中人物遭遇感同身受，很多女学生借用电影院和男生谈情说爱，把电影院当成了日常交际的场所。苏州的现代演艺业也十分发达。苏州阊门、观前地区的文化娱乐集中趋势越发明显，不仅美食街与戏院、书场、商场环伺[2]，而且现代演艺机构层出不穷。当时苏州很多商场、旅舍的屋顶都被开辟成花园，吸引了无数顾客，增添了苏州城市的现代景观。例如，阊门外大东旅舍的屋顶花园，老板十数天就会更换一批女招待，绰约多姿，旗袍革履，非常吸引顾客[3]；北局国货商场屋顶花园于1935年8月6日开放，纳凉游客，曾沓来纷至[4]，每日可收门票一千六七百张[5]；同年10月，又有永安国货商场屋顶建成永安乐园，不仅招待人员均为妙龄女性，而且聘请弹词名家徐云志前来驻唱，成为综合型演艺场所[6]。一些综合性的商业机构，在高楼的每层都另辟新用，容纳不同的演艺形式，从而提高了建筑与演艺业的结合效益。例如，苏州北局国货商场，一楼销售货物，二楼用来说书，三楼用来喝茶，兼有一些演艺形式。在这座现代小城中，不少时髦女性涂脂抹粉，穿着高跟鞋，走路风情万种，香风过处，倩影袅袅，橐橐革履[7]，用摩登身姿勾勒了苏州的现代轮廓。在上海摩登的推动下，苏州成了可以满足周瘦鹃衣食住行的生活需求和休养身心的精神需求的现代

---

[1] 子程：《金阊行见卡尔登》，《大光明》1932年1月10日，第3版。
[2] 尢玉淇：《三生花草梦苏州》，苏州古籍出版社，1994，第145-146页。
[3] 武彝：《美丽牌玻璃杯有迁入城内永安说》，《吴县晶报》1935年9月3日，第4版。
[4] 茉莉：《屋顶花园关门　将由商场开茶馆》，《吴县晶报》1935年9月3日，第4版。
[5] 天马：《国货茶馆开幕》，《吴县晶报》1935年9月5日，第5版。
[6] 六安：《永安乐园开幕期》，《吴县晶报》1935年9月26日，第5版。
[7] 佚名：《朱菁陶醉了程金冠》，《吴县晶报》1932年6月26日，第4版。

城市（图23）。

周瘦鹃的不少文友们虽然在上海的市民社会中谋生存，但仍然过着苏州式的生活。进入书局报馆，他们是卖文为生的职业文人。回到家中，他们仍然是优雅的士大夫。刘铁群称他们是生活在上海的苏州文人，是具有了新的身份、角色和谋生方式的传统文人。[1]他们不但给周瘦鹃提供了稿源，而

图23 民国时期的观前街

且给他带来了温暖的乡情。与他们相处，周瘦鹃感到无比轻松舒畅。1921年他与这帮"苏州乡人"——天虚我生、王钝根、严独鹤、陈小蝶、丁悚等人组成了有名的"狼虎会"：

> 于休沐之日每一小集酌，惟玄酒朋，皆素心。而常与斯集者，有钝根、独鹤之冷隽，常觉、瘦鹃之诙谐，丁、姚二子工于丹青，江、杨两君乃善丝竹；往往一言脱吻，众座捧腹，一簋甫陈，众箸已举，坐无不笑之人，案少生还之馔。高吟骉骉，宗郎之神采珊然；击筑呜呜，酒兵之旌旗可想。诚开竹林之生面，亦兰亭之别裁也。[2]

和周瘦鹃一样生于上海小职员家庭的程小青，与周瘦鹃相交数十年，他1923年在苏州天赐庄附近的望星桥畔购地营造房屋十多间，比周瘦鹃早了20多年定居苏州，这对周瘦鹃肯定是有影响的。果不其然，周瘦鹃8年后就买了紫兰小筑定居苏州。此后他在苏州度过了一段宁静甜美的生活，女儿周瑛就是在这段时间出生并成长的，多年后他在写给周瑛的信中不无深情地回忆起这段在苏州和家人们一起度过的甜美时光：

> 我所要对你说的，就是我家巷外的那条苻桥西街，距离我们的门口只有二三十步路，可说是近在咫尺，我们不出门便罢，一出门就要

---

[1] 刘铁群：《鸳鸯蝴蝶派作家的苏州情结》，《小说评论》2008年第5期。
[2] 周瘦鹃：《记狼虎会》，载范伯群主编《周瘦鹃文集：杂俎卷》，文汇出版社，2011，第70页。

接触到它。瑛儿,你可记得吗,你脱离了襁褓自己学会走路之后,你的脚所踩上的第一条街就是这条甫桥西街。后来你上学读书,由小学而中学,天天背着书包早晚经过的,也就是这条甫桥西街。总之你在童年和少年时代,就和这条甫桥西街结下了不解之缘,是天天要跟它相见,跟它接触的。直到抗日战争爆发以后,敌机开始来苏州轰炸的第二天,我们一家九口扶老携幼的逃离苏州,才抛下了我那朝夕居处的紫兰小筑和日常往来的甫桥西街。[1]

1937年抗战爆发,避乱逃难的路途上,周瘦鹃怀念的不是上海而是苏州。他在一篇文章中这样写道:

敌机十余架飞来轰炸苏州,把我的老母稚子吓得魂飞魄散,于是在十七日午后,抛撇了心爱的故园、心爱的苏州,随同东吴大学诸教授避往南浔,安居了三个月,也曾回苏二三次,并和园丁张世锦约定,重阳节边,定要回来赏菊。[2]

他不停地苦念苏州,称苏州为"我的故园",怀念那里的万花如海。[3]他在安徽的一个小县城里写下充满悲思的《忆故园梅花》,诗中所提"故园"就是苏州:

寒梅一树两树,远岫三重四重,枝定冻禽睡熟,淡云和月朦胧,疏枝老干影横斜,百树寒梅绕屋遮,苦忆银屏珠箔下,一九冷月照幽花。杖藜日日走山隈,每见苍松便忆梅,愿似罗浮能入梦,月明林下一归来。雪晴想见梅花哭,何日言归难自卜,痴心愿化翠禽来,长共梅花一处宿。[4]

苏州是传统江南的经济中心,亦是文化中心。一座城市的感性体会往往是由它的文化基因决定的,其中既有物质空间的载体,更有精神内核的凝练。它既来自于特定场域的感性认知,又得益于历史内涵的精神积淀,更着眼于自身视觉形式喜好的文化素养,体现出城市文脉和个人气质的融通。[5]周瘦鹃在苏州过上了乡邻关爱、朋友酬唱的风雅生活,身边集聚了追求生活之美的同道。卢彬士是"培植碗莲的专家",张松身"好学深思,

---

[1] 周瘦鹃:《姑苏书简》,新华出版社,1995,第277-228页。
[2] 瘦鹃:《还乡记痛》,《旅行杂志》1946年第1期。
[3] 周瘦鹃:《梦》,载范伯群主编《周瘦鹃文集:散文卷》,文汇出版社,2011,第35-36页。
[4] 周瘦鹃:《忆故园梅花》,《乐观》1942年第12期。
[5] 李超德:《江南文化精神的积淀与穿越》,《中国艺术报》2021年4月16日,第6版。

老而弥笃","为了题我的《花花草草》集子,因此特在词中用了九个花字九个草字,足见灵心巧思"[1]。还有陈涓隐、谢孝思、顾公硕、蒋吟秋、柳君然等都是文采卓然、心有灵犀的名士。一回到苏州,周瘦鹃变得悠然放松,前后如同换了一个人。"上海周瘦鹃"的写作动力是养家糊口,加之时局动荡,难以侈谈生活美学。新中国成立后,"苏州周瘦鹃"成为开启"生活美学"传统的领头人。他借助自己的文学和生活的双重影响力,将市民大众文学传统中"生活美学"的一脉在苏州落地生根,生长出清新的"苏式生活"之花。上海的"摩登生活美学"和苏州的"风雅生活美学"融合成周瘦鹃的生活美学,显现出市民大众文学的创作与幸福美好生活的追求的统一性。"上海周瘦鹃"与摩登生活、市民大众文学写作相联,"苏州周瘦鹃"与风雅生活、社会主义散文创作相联系。"上海周瘦鹃"解决的是个人的谋生吃饭问题,同时推动了市民大众文学的发展;"苏州周瘦鹃"解决的是个人的身份转向问题,同时推动了美好生活范式的建构。"上海周瘦鹃"的写作映射与投影"别人的生活","苏州周瘦鹃"的写作展现与表露"自己的生活"。周瘦鹃从海派的顾影自怜走入苏式的风雅散淡,既表达了自己成为"新人"、过上"新生活"的欢欣情绪,也导建起尊重美、呵护美、追求美的文化新风尚。由此,上海和苏州共同塑造出了完整的周瘦鹃。

---

[1] 周瘦鹃:《姑苏书简》,新华出版社,1995,第257-258页。

第三节　绵续名士生活

周瘦鹃的生活美学不仅外在地表现为生活实践，而且内在地表现为包容人生阅历、文学经历、思想源流的精神实践。他延续了江南生活美学的传统，利用文学声望、创作智慧与交往网络推动了这种传统从文人阶层到市民阶层的响应，完成了从上海的鸳鸯蝴蝶派到苏州的江南名士的转化。鸳鸯蝴蝶派概念是由"五四作家"提出的。这一概念在不同的历史时期所指范围是不同的，以致所有新文学家创作之外的各类通俗文学作品都统称为"鸳鸯蝴蝶派"。大多数成员都拒绝将自己划分到"鸳鸯蝴蝶派"作家范畴之中，并通过"通俗文学"概念的提出以探寻文学合法空间，"通俗文学"这一概念实际上是从"鸳蝴"中生成的鸳鸯蝴蝶派的自我命名。[1]"通俗文学"是文学上的变称，那么用到生活领域，我觉得用"江南名士"更为妥帖。它继承了"江南才子"的传统，又与"生活美学"相对接，适合用来指代生活中的"鸳鸯蝴蝶派"。汤哲声也是用了"名士"来称呼鸳鸯蝴蝶派作家，"不论是中国的还是外国的，是传统的还是当下的，只要能够为我所用，而且用得很顺手，就拿过来使用，这是名士风格极具个性的展现，换言之，就是以自我为中心的开放心态"[2]。

如果说"上海周瘦鹃"引领的市民大众文学传统的影响力是辐射全国的，那么，"苏州周瘦鹃"开启的"江南名士生活传统"却是归属苏州——这一江南文化核心区域的。明清以来江南名士更是如星辰璀璨般蔚为大观，名士交往活动频繁，名士作品汗牛充栋。晚清以来，不少江南名士避乱迁入上海，"江南特性"遂与大众文化、消费文化融铸交织，"江南名

---

[1] 张玲玉：《"鸳鸯蝴蝶派"命名及概念变迁研究》，硕士学位论文，山东大学，2021，第49页。
[2] 汤哲声：《鸳鸯蝴蝶派：吴地文学的一次现代化集体转身》，《苏州大学学报》（哲学社会科学版）2009年第6期。

士"变作"海派潮人"。20世纪40年代中后期,周瘦鹃回到苏州,在苏州洗去浮华形相,回归"江南名士"之列。他的迁居、成名与转身的轨迹显现出"市民大众文学传统"不息不灭的潜流。江南名士"第一代"包括以周瘦鹃、范烟桥、程小青为代表的文人群体(图24)。周瘦鹃虽非生于苏州,但对苏州有着深厚感情,女儿周全说:在一些人印象中,周瘦鹃是上海人。其实父亲祖上就是苏州的,祖宅哪里已经弄不清,只知道祖坟在七子山。因为父亲的父亲在上海工作,所以父亲才生在上海、长在上海了。[1]范烟桥和程小青则生于苏州,纵横上海文坛,后也早早回到苏州。他们被称为"苏州三老"。"苏州三老"是社会主义美好生活的代言人,他们将诗文酬唱的交游传统引入新社会的文人集体生活中,形成了当代江南名士生活的新范式。

图24　1964年5月,周瘦鹃(中戴墨镜者)与严独鹤等老友们合影

钟情于江南饮食的周瘦鹃在小说中多次描写过美食。小说《冷与热》开篇就写到了家庭主妇胡静珠与身为西医的丈夫王仲平之间的无趣少意的婚姻生活。家庭主妇胡静珠每天在家里等着丈夫回来,谦卑恭顺唯恐惹丈夫不高兴,结果丈夫认为胡静珠了无趣味,嘲笑她说无论自己怎么犯错,她始终脾气都这么好。而且丈夫还当着妻子的面夸赞一个叫"湘云"的女

---

[1] 施晓平:《周瘦鹃之女:父亲贡献不仅在文学、盆景》,《苏州日报》2015年7月1日,第14版。

孩。后来胡静珠觉醒了，表现出对丈夫的行为的不关注和漠视的状态，结果丈夫反而吃不消她这份冷淡，开始早回家了。有一天，丈夫比平时更早地回到家里，没有在舞场歌场里混，结果胡静珠反而质问他怎么会回来这么早，而且家里也没有准备什么吃的。这里的饮食的描写很好地体现了这种人物感情的转变：

> 静珠徐仰其首，微睨仲平，即低头阅其书如故。曰，予初弗惊，惟子以后须稍稍谨慎，勿作尔许荓夫态。顷者，子不言今晚或不归耶，今九时方过，如何便匆匆归也。仲平复佯笑曰，餐馆歌场中殊令人麻烦欲死，故匆匆归来，拟一尝山鸡风味耳。静珠冷然曰，其味殊不及川冬菜。且子来太晏，晚餐已于一小时前撤去矣。[1]

女主角对男主角的感情转变通过关于晚餐的对话表现了出来。女主人公从以前每天等男主人公回家吃晚饭，到现在男主人公回来了也没有晚饭吃，展现了女主人公对男主人公薄情的厌恶。在这里，饮食以一种别样的方式和女性的觉醒这种现代性话语联系了起来。

《最后的铜元》以一位上海滩的穷人为主人公。上海是各种食物都有的富人的世界，但是小说中的"我"肚子还是十分饥饿，这形成了鲜明的对比。"我"靠给一位老人运送行李赚了一枚"银四"，开开心心地去吃饭，那饭倒是家常饭，但在忍饥挨饿的"我"眼里真是美味珍馐，"一碗是又香又白的白米饭，一碗是半清半红的咸菜肉丝汤，青的是咸菜，红的是肉丝，瞧去好不美丽！"吃完这顿后，"我"一路行去，碰见了一位朋友，于是请他去吃面，由于钱不够，又要面子，所以只点了一碗面。两人一碗面，一个看一个吃的这个过程被周瘦鹃描写得绘声绘色，穷人的对于一碗面的无比向往和大快朵颐的状态从侧面展现了那个社会的贫富不公：

> 这时那一碗面已端上来了。我那朋友早就瞪着两眼，一路迎它到桌上，接着就刷地举起筷来，急忙半吞半嚼地吃着。霎时间那碗咧、筷咧、牙齿咧、喉咙咧，仿佛奏着八音琴似的，一起响了起来。我在旁瞧着，见他吃得十分有味。那葱香面香肉香，又不住地送进我鼻子，引得我喉咙里痒痒的，一连咽了好几回馋涎。很想向他分些儿吃，只又开不得口。没法儿想，便掩着鼻子背过脸儿，去向那当中一幅半黄

---

[1] 瘦鹃：《冷与热》，《礼拜六》1914 年第 13 期。

半黑的关帝像瞧着,想借那周仓手中一把青龙偃月刀,杀死那一条条的馋虫。叵耐我眼儿一斜,偏又射在下边长台上一面半明半暗的镜儿中,瞧见我那朋友捧着碗儿吃得益发高兴,几乎把个头儿也送到了碗里去。到此我再也忍不住了,便想鼓着勇气向他说情,和他做个哈夫,分而食之。谁知我口儿没开,他的碗中早已空了。别说面儿不剩一条,连那汤儿也不留一滴。[1]

吃完面后,要面子的"我"带了朋友去喝茶,两碗茶请不起,只有喝一碗茶,"泡上一碗茶来,我们各自把小碗分了喝着","我"还用剩下的铜元买了"两包西瓜子","两枝纸烟",结果只剩下一个铜元。最后买了一份"新闻纸",在新闻纸上找到了一份工作,暂时解决了生计问题。[2]这个故事从头到尾都关于吃,从家常饭吃到了面、喝到了茶,然而这种上海穷人"瘪三"的吃饭问题正是当时上海的社会问题的一个综合体现,展现出的当时贫富悬殊社会场景下的穷人对温饱生活的向往,透露了生活的艰辛。再细细一看,这些饮食和周瘦鹃的日常饮食很像,周瘦鹃自己在生活中也是一个吃面、喝茶、吸烟的人,将熟悉的饮食写进小说中是很自然的事情。周瘦鹃的饮食生活也是他信手拈来的写作素材。

另一篇小说《西市辇尸记》讲述了一个令人难过的故事。一名少妇在家里做好了菜等待丈夫回来吃,没有想到丈夫外出进货时被外国巡捕抓捕示威学生用的流弹打死了。上海租界的表面繁华后面的动荡时局对普通市民的影响可见一斑。周瘦鹃笔下的少妇做的菜是这样的:

> 少妇即忙站起身来,助着老王妈把盘中四样菜端在桌上,含笑说道:"今天这四样菜,冬瓜火腿汤,黄瓜炒虾,咸蛋燉肉,卷心菜,都是他爱吃的。今晚回来,又得多吃一碗饭了。"说时,从一个小抽斗中,取出一双银镶象牙箸来,抹了又抹安放在空座前面,又放了一只银匙,心中一壁很恳切的等伊丈夫回来。可是伊们新婚以来,不过半月,正在甜蜜蜜的蜜月之中。一块儿用晚餐,原是一件极寻常的事,只为新婚燕尔,倒也瞧作日常的一种幸福。[3]

这几道菜是家常菜,此时菜肴的温馨与后来丈夫被打死后的悲凉形成

---

[1] 周瘦鹃:《最后的铜元》,《小说画报》1917年第3期。
[2] 同上。
[3] 周瘦鹃:《西市辇尸记》,《半月》1925年第15期。

了鲜明对比。菜肴成了衬托叙事的工具。这种写法在周瘦鹃的小说中常常见到。而且这几道菜从周瘦鹃的日常喜好来看，分明也就是周瘦鹃自己喜欢吃的菜。他对菜的喜好就融入他的文字中的主人公的生活中，这是周瘦鹃饮食生活的投射。

在周瘦鹃的小说中，饮食也成了反衬人物性格的方式，如在《千钧一发》中，在南洋经商的傅家驹回国找到了初恋情人——嫁给了一个小职员、生活清贫的黄静一，希望再续前缘。周瘦鹃用食物来表现黄静一的清贫，就是她去八仙桥小菜场，"买了些肉和菜，化了一角多钱"，钱不多，非常节省，从中可以见得黄静一的家境并不富裕。所以傅家驹请黄静一去上海有名的卡尔登西菜馆吃饭，对黄静一来说几乎是从来没有吃过的，傅家驹还嘲笑黄静一买的菜，说太寒酸了：

  傅家驹道："同吾去吃一顿饭，看一回戏，打甚么紧，吾可不会拉了你逃之夭夭呢。今天中膳你预备了甚么菜？"静一道："买了一角钱的肉，和四铜圆的白菜。"傅家驹摇头道："这个如何能下饭？何不同吾去尝尝上海第一西菜馆里的东西！"[1]

西菜馆在这里比喻傅家驹富裕的生活，也比喻这个有钱人的傲慢的性格。后来黄静一虽然受到了金钱和富裕生活的诱惑，还是没有违背道德，而是和自己刚刚失业的丈夫一起走完余生。节省的中餐被用来比喻传统家庭伦理下的清贫却正当的婚姻生活，豪华的西菜被用来比喻充满诱惑却违背伦理的浮华都市生活。小说中主人公的饮食可在周瘦鹃现实的饮食生活中找到原型。《千钧一发》里的"卡尔登西菜馆"就是上海有名的西菜馆，当时和"卡尔登"一起的还有这样一些响当当的名称：孟海登、客利、南洋、中央、派利、远东、太平洋、亨生、美生、来兴等番菜馆。小说中提到的"八仙桥菜场"也是真实存在的菜场。这些饮食的生活和饮食的场所既成为小说叙事的一部分，也勾画出周瘦鹃在上海的饮食地图。

周瘦鹃之后，陆文夫接起了江南名士的大旗。陆文夫是一位颇具"士大夫"气质的文人。"士大夫"这一阶层在当代虽已不复存在，但其精神却丝缕不断地在当代文人身上复现，并深刻地影响了他们的创作。[2]陆文夫

---

[1] 周瘦鹃：《千钧一发》，《礼拜六》1914年第24期。
[2] 阳欣月：《江南市井中的"士大夫"：陆文夫论》，硕士学位论文，华东师范大学，2018，第30页。

有资格接"江南名士"大旗的理由是,他在文学造诣上完全可以承接周瘦鹃之衣钵,不但继承了周瘦鹃的作协事业,在创作风格上也颇有周瘦鹃之影。陆文夫虽非苏州人,但对苏州一往情深。与周瘦鹃一样,他的"苏州书写"是其创作中的浓墨重彩的组成部分。从 20 世纪 50 年代起,陆文夫便开始了"说苏州故事"的历程,他毫不疲倦地在这条道路上前行,诠释着苏州文化。在他心中,苏州是一个文化贮藏宝库,应当许以全部生命的力量探寻其精华,揭示其特征,彰显其文化张力。[1] 苏州文化潜移默化地浸润,渗透了小说主题、文化空间、结构方式、叙述话语等内在血脉,为陆文夫的创作注入了地域资源,成为小说的文化标识;同样,这位"陆苏州"也通过个性化的小说叙事,对吴文化进行了选择、剪裁和建构,予以文化再造。[2] 陆文夫用文学的语言构建了一个纸上苏州。[3] 陆文夫也因此被称为"苏州地方文化"的追慕者、探求者和新的创造者。陆文夫受到的正是周瘦鹃美食创作和美食理念的潜移默化的影响。新中国成立后,周瘦鹃领衔的苏州文人小组中,除了程小青、范烟桥、滕凤章外,还有一位年龄最小的青年——陆文夫。这时周瘦鹃已过知天命之年,常带着陆文夫在网师园、沧浪亭、狮子林谈古论今、饮茶酬唱。陆文夫跟着周瘦鹃常常与程小青以及同在苏州的鸳鸯蝴蝶派旧人范烟桥等人会餐,潜移默化地受到这些鸳鸯蝴蝶派文人趣味和思想的感染。[4] 陆文夫去世后,上海远东出版社出版了纪念文集《永远的陆文夫》,其中滕凤章写的《琐忆往事悼文夫》曾说陆文夫参加的这些聚会有点神仙聚会的样子。陆文夫在《吃喝之道》中写道:周先生每月要召集两次小组会议,名为学习,实际上是聚餐,到松鹤楼去吃一顿。在《姑苏菜艺》中写道:我们常常相约去松鹤楼尝尝味道。说明周瘦鹃经常带着他品尝美食,是以他格外了解周瘦鹃的饮食习性:

> 炒头刀韭菜、炒青蚕豆、荠菜肉丝豆腐、麻酱油香干拌马兰头,这些都是苏州的家常菜,很少有人不喜欢吃的。可是日日吃家常菜的人也想到菜馆里去弄一顿,换换口味。已故的苏州老作家周瘦鹃、范

---

[1] 范嵘:《论陆文夫小说的"苏州文化诠释"》,《苏州大学学报》(哲学社会科学版) 2018 年第 4 期。
[2] 王传习:《论陆文夫小说的吴文化书写与想象》,《文艺争鸣》2009 年第 5 期。
[3] 宋桂友:《古城小巷的文化意蕴:论陆文夫小说的苏州书写》,《文艺争鸣》2013 年第 7 期。
[4] 许江:《革命文艺、新文艺和通俗文艺:重读陆文夫的小说》,《中国文学批评》2017 年第 2 期。

烟桥、程小青先生，算得上是苏州的美食家，他们的家常菜也是不马虎的。可在当年我们常常相约去松鹤楼"尝尝味道"。如果碰上连续几天宴请，他们又要高喊吃不消，要回家吃青菜了。[1]

为了保存苏州美食文化，陆文夫开了一间"老苏州"饭店。除贴补《苏州杂志》的办刊经费外，他还有一个延续地道苏州味道的设想："现在苏州一些有名的老饭店已不是地道的苏州风味，一批高明的老师傅退休之后，下一辈人没学到他们的本领，眼看技术将失传，我把退休的老师傅请来，希望他们的技艺能保留下来。老苏州茶酒楼请的是苏州著名的松鹤楼饭店、南林饭店、萃华园饭店的退休特一级厨师作指导，现在从事具体操作的四个中年厨师也是特一、二级的。[2]陆文夫成了江南名士的新代言人。究其原因，除内在文学质素的共鸣和江南文化内涵的引力之外，和周瘦鹃的生活引领与示范不无关系。陆文夫对周瘦鹃美食生活方式的延续，显形出江南名士传统延续的脉络。

陆文夫之后是陶文瑜。陶文瑜与陆文夫、周瘦鹃都是苏州作协成员。苏州作协在新中国成立之初叫苏州文人小组，乃周瘦鹃亲自筹建而起，陆文夫是这个小组的最初成员之一。陶文瑜又是后来成为苏州作协主席的陆文夫的下属，在陆文夫编的《苏州杂志》里工作，受到了陆文夫创作、工作与生活方面的影响。周瘦鹃影响了陆文夫，陆文夫也影响了陶文瑜。周瘦鹃与陶文瑜之间虽未谋面，但他们在饮食美学上仍有息息相通的联系。陶文瑜对外号称"三不食"：盒饭不食、火锅不食、农家菜不食。老朋友这样回忆陶文瑜：为了时令美食，他每年也会约上几个朋友远到各处，春来他会亲自驾车去张家港寻味他最爱的刀鱼，入秋去阳澄湖美人腿吃红烧老鹅、品吃阳澄湖大闸蟹，有时会到吴江吃菜饭、红烧肉、酱蹄，还要去常熟吃正宗的常熟蒸菜、蕈油面。[3]周瘦鹃早年远走上海，中年回归故乡苏州，在作品实践与生活关怀上体现了强烈的"苏州性"。陶文瑜比周瘦鹃更有"苏州性"，他是从出生、生活到工作都未离开苏州的土生土长的苏州人。他的散文与定居苏州后的周瘦鹃的散文十分类似，如他的乐居散文与周瘦鹃的花草散文具有相仿的精神旨归，他对苏州风物的刻绘显现了周瘦

---

[1] 陆文夫：《姑苏菜艺》，载《美食家》，江苏凤凰文艺出版社，2018，第217-218页。
[2] 王之平：《陆文夫和老苏州茶酒楼》，《上海戏剧》1997年第1期。
[3] 华永根：《吃食里的陶文瑜》，《姑苏晚报》2019年12月24日，第B03版。

鹃的痕迹。周瘦鹃一生从事了电影、作家、编辑、记者、诗人、园艺家等多种职业，陶文瑜和周瘦鹃一样多才多艺，从事着文学、编辑、编剧等跨界工作，在文学与大众文化领域取得了令人翘首的成就。陶文瑜绝非执迷写作，而只是视写作为生活之辅助，他称自己写文章和学习书法，都是爱好[1]。他的兴趣显然在"玩"上面，毕飞宇说：没有见过比苏州人——这里也就是文瑜兄了——更好玩的人了。[2]"逍遥落拓"正是陶文瑜的生活态度，而这与周瘦鹃骨子里的纵脱浪漫极为相似。如周瘦鹃爱吸烟人人皆知，但他并不认为吸烟会影响寿命，反而认为是一种必要的生活方式。

若将江南名士分代的话，周瘦鹃为"第一代"，陆文夫为"第二代"，陶文瑜为"第三代"，他们各有特点。周瘦鹃是理想化的江南名士。陆文夫是有历史感的江南名士。陶文瑜是市井化的江南名士。周瘦鹃是于百废待兴的环境中开展社会主义建设时期的江南名士，这一时期受制于生产力水平，人们的物质生活条件并不丰足，因此周瘦鹃的名士之风表现出更加精神性、理想化的色彩。陆文夫是在社会主义市场经济时期的江南名士，这一时期苏州的经济发展水平已比较先进。陆文夫对历史、文化独特审视使其对苏州生活的观察和描绘更有历史的纵深感和文学的优美感，他的审视的立足点虽然在苏州，但具有放眼全国的视野，"高卧隆中，历史地纵览了我们曲折的道路；回顾过去，咀嚼我们的经验教训。他有所彻悟，同时也变得更为深沉"[3]。陶文瑜作为接续陆文夫衣钵的江南名士更明显地继承了从周瘦鹃到陆文夫都未曾中断的娴雅生活的特质，并凭借他的多才多艺为这种生活的特质增添了更加浓郁、热烈的诗情画意，其文学创作更加散淡、松弛，"散淡又清雅，最有性情，很自在，像茶馆里说话，随便聊聊，正是这种漫不经心，让字里行间多了冲淡。他下笔坦腹相见，总带些俏皮的韵味，让人忍俊不禁，让人笑骂，又有两分服气"[4]，"幽默风趣，别具一格，仿佛走进苏州园林，看似山穷水尽，常有曲径通幽之妙"[5]。而他在生活美学上更加冲淡、率真："若干年里，至少有三五次的饭局，是有

---

[1] 陶文瑜：《磨墨写字记》，《新民晚报》2014年11月5日，第A30版。
[2] 毕飞宇：《苏州的"文瑜门"》，《文学报》2006年11月2日，第6版。
[3] 范伯群：《再论陆文夫》，《苏州大学学报》（哲学社会科学版）1984年第3期。
[4] 胡竹峰：《骑手走远了：追忆陶文瑜》，《雨花》2020年第1期。
[5] 曹正文：《苏州才子陶文瑜》，《新民晚报》2019年12月13日，第21版。

陶文瑜的。"[1]周瘦鹃身上披着政治性和文学性的双重影痕，陆文夫身上晕染着家国历史的沉郁风格，陶文瑜则抖落着从苏州传统里绵延的"市井本真"气质。三代江南名士既有上承的传统意蕴，也凸显独特的时代风格，显示了市民大众文学传统内蕴的丰富性与适应性。周瘦鹃、陆文夫、陶文瑜之间虽未有明确的衣钵传承关系，但他们无疑是文脉相通与灵魂契合的。他们共同汲取了江南文化的营养，在写作和生活上表现出风雅散淡的共性化趋向，我们借取吴海伦对古代文人生活美学的分析来概括这种共性化取向的具体内涵：第一，"寓意于物"，在衣、食、住、游、娱之物中发现性理之趣，表现为人对生活之物的追求；第二，"心充体逸则乐生"，表现为对生活之事的追求；第三，"我适物自闲"，表现为对生活环境、生活情境、生活意境的追求。从根本来说，追求内在心性的修养与自我沉潜，由此可获得超然物外的生活审美境界，这也即自在生命的本真生活境界。[2]周瘦鹃、陆文夫、陶文瑜显影了当代江南名士的主要特征，即：婉约蕴蓄、妙趣横生的散文创作，情趣相投的交往传统，多才多艺的文艺爱好，贴近世俗的审美生活。他们精于食经、酒趣、茶道、曲理、花事等，不求闻达显贵，但求生活雅趣。他们以文学优势、气质亮点与交往魅力推动了市民大众文学传统与美好生活方式的合流，成为新时代苏州的"名士生活"代言人。

始终依据人们的不同时期的美学心理和市场环境加以调适和改变，是市民大众文学留下的传统。此种变化不仅指文学形态的转变，而且指从文学到生活的形态的转变。市民大众文学传统并非只是文学传统，而且是由文人的日常生活、社会交往形成的生活美学传统，既包括文人创造出的文学世界，又包括文人真实的生活世界。当代江南名士的形成就是这种伴随着政治、经济、媒介环境的变化，市民大众文学自身内部雅俗关系变化的产物，是市民大众文学的"雅"之传统的明显激活，使文学和生活之雅占据雅俗关系的主导的过程。苏州成为市民大众文学传统中"生活美学传统"延续的重要空间。明朝文学家、思想家、戏曲家冯梦龙最早在苏州对小说、戏曲、民歌、笑话等通俗文学的创作、搜集、整理和编辑，开启了

---

[1] 王慧骐：《也说文瑜》，《姑苏晚报》2020年3月29日，第8版。
[2] 吴海伦：《重返生命的本真：北宋文人生活审美特质论》，《湖北大学学报》（哲学社会科学版）2019年第5期。

深厚的通俗文学传统。[1]苏州也是明清江南士人风雅生活的宜居之地，积淀了丰富的生活美学。当代苏州之所以未能出现有影响的通俗文学创作者和作品，既有市场环境的因素，也有江南生活美学传统充分彰显的因素。市民大众文学传统与景观环境、人文传统是有"文学景观学"意义上的交感的，当它在中西北部城市时会成为一种形态，当它在苏州时就会显现另一种状态。周瘦鹃在上海开启了市民大众文学的潮流，在苏州又引导了市民大众文学的转身。从文学和生活的共存关系来看，周瘦鹃不仅引领了市民大众文学的发展，是文坛的领袖，而且带动丰富多彩的名士生活，是生活的良伴。从他身上可看出，市民大众文学传统不止于文学，而是包括文学与生活。新中国成立后，市民大众文学传统不仅"文学转向"，在文学意义上从内地（大陆）移到港、澳、台，而且"生活转向"，在生活意义上从上海移到了苏州。苏州既为周瘦鹃提供了散文写作的足够题材，也为给他提供了收藏、花草、饮食、书画等美好生活的诸多可能，使之真正实现了从文学到生活的转身，将日常生活渗透于当代苏州的自然景观与人文景观中，塑造出活态的江南生活新典范。

现代城市本质上是"经济型城市"，与古代"政治型城市"相比，尽管它充分解放了社会的生产力，因而在人类历史上表现出巨大的进步，但同时也要看到，出于经济型城市的本质，其进步主要体现为物质力量的增长，而作为物质力量增长的代价则是人性的普遍异化。在有消费社会之称的当代都市中，部分现代资本家对物质财富不择手段的追逐正在演变为都市人对奢侈生活方式的普遍狂热，这在直接损害城市社会的公平与正义及城市人精神生态的同时，也在很大程度上深度解构了"城市提供美好生活"这一城市的本质。[2]当下特别需要有人提供适合中国文化审美特点和社会发展情势的生活美学范式，以应答"当代人如何生活"之问。陈雪虎指出当代中国有三种传统的生活美学。其一，基于前现代宗法社会、残留于当代，而为人们所追忆和利用的传统生活美学。其二，基于百年现代中国民众革命斗争的革命生活美学。其三，基于当代世界资本主义整体语境而在当代中国迅速发育的、基于市场和消费的"经验的生活"及其生活美

---

[1] 范伯群：《市民大众文学——"乡民市民化"形象启蒙教科书》，《湖北大学学报》（哲学社会科学版）2013年第4期。
[2] 刘士林：《江南文化的当代内涵及价值阐释》，《学术研究》2010年第7期。

学。这三种主要传统在当代都会倡言发声，长期竞争和并存。但是，未来走向如何？ 在全球范围内来看，经过斗争而融合和杂交已成为大的趋势。[1]周瘦鹃生活美学中既有传统生活美学的痕迹，又有世界资本主义影响下的消费生活美学的痕迹，是连接传统与当下的比较典型的美好生活的范式。他在苏州展示了社会主义美好生活的新范式，显现出市民大众文学从上海分流后的"生活路径"。这种周瘦鹃式的风雅生活在苏州形成影响后向江南更广大的地域传承，因而周瘦鹃既是上海的市民文学领袖，也是苏州的小巷生活模范。在妙笔书写、生活游历与人际交往的推动下，他将雅聚诗酬的交游传统化为当代江南名士的生活范式，使苏州成为承继上海"市民大众文学"传统的重要场域。身为"江南名士"传统的承传者，他在生活范式、文化宣扬与艺术传承等方面的实践为江南文化品牌建设提供了绵延不绝的活性精神遗产。

---

[1] 陈雪虎：《生活美学：三种传统及其当代汇通》，《艺术评论》2010年第10期。

第七章 美好生活与江南文化的共生

已有研究中较少有人提到周瘦鹃的当代影响。即便提到影响，可能更多地局限在文学领域的影响，而且也不是对当下文学的影响，而多是对现代文学的影响。这就使得周瘦鹃多半停留在现代，而没有走向当代。这正应了那句话："历史离我们越近，对它叙述的就越空疏。"[1]如果忽视或无视"当代周瘦鹃"，而只将他的"生命力"束缚于文学史中，难道不是中断了他躬耕文坛和园圃后留下的江南文脉？诚如贾植芳对周瘦鹃的判言："他们笔下出现的生活场景和人物形象的多样性、丰富性和复杂性往往为新文学作家所望尘莫及。"[2]正是在生活美学的维度上，周瘦鹃与当代建立了直接的联系，"当代周瘦鹃"的思考才有了依托。当前中国特色社会主义进入新时代，人民对美好生活的追求体现在日新月异的现实生活的方方面面，人们的日常生活审美活动已经融入社会生活的各个领域。美好生活的内涵是丰富的，享有物质富裕的生活、政治民主的生活、文化繁荣的生活、社会和谐的生活、生态美丽的生活、精神充实的生活是人民美好生活的应有之义。[3]周瘦鹃在底蕴丰厚的江南文化的影响下，不仅在文艺创作上气象独显，而且在生活美学上也独具特色，拓建出一条名士生活与大众生活融合交汇的新路，显现了江南生活美学传统重返当代都市的可能。

[1] 王中忱：《作家生活史与文学史的交集：从几封作家书简谈起》，《中国现代文学研究丛刊》2004年第4期。
[2] 贾植芳：《反思的历史　历史的反思：为〈中国近现代通俗文学史〉而序》，载范伯群主编《中国近现代通俗文学史》，江苏教育出版社，2000，第2-3页。
[3] 张宝贵：《中国生活美学的来路与去处》，《中国社会科学报》2019年11月22日，第4版。

第一节 摹画江南风物

周瘦鹃是江南文化的不遗余力的宣传者,他的游记散文收藏了江南文化的清隽秀美,"苏州文化的灵山秀水给予作家无限的灵感,作家充满深情的描述又使苏州更具迷人的风采"[1],"秀美的江南园林和山水,多彩多姿的异卉和奇花,这又使他的文笔似带露折下的花枝一般,清新异常"[2]。离开上海前两年,周瘦鹃还在杂志上撰文宣传洞庭山,以充满感染力的洗练笔触介绍了洞庭山在苏州的地理位置以及特产东山的杨梅、白沙枇杷,并以苏州闺秀张紫蘩的咏洞庭山的竹枝词作结,寥寥不到百字展现了充满魅力的洞庭山形象。[3]这些饱蘸他丰沛人生阅历、文学素养与艺术体验的文字,写活了江南的神韵,讲好了江南的故事。

图 25 石家饭店

周瘦鹃喜好旅游,足迹主要围绕苏州本地和附近的无锡、宜兴、扬州、上海,略远一点也就是浙江、安徽、江西、广东,这个地域正是江南!他对江南景观的探寻、体验与书写是对江南文化传播的一大贡献。新中国成立后,周瘦鹃从"遍游江南"改为"精游苏州"。在他的笔下出现的苏州景观有石湖、天镜阁、余庄、行春桥、上方山、拙政园、石家饭店(图25)、

---

[1] 王晖:《周瘦鹃散文简论》,《苏州大学学报》(哲学社会科学版)2003年第1期。
[2] 毛乐耕、陈朝华:《论周瘦鹃散文小品的艺术风格》,《厦门大学学报》(哲学社会科学版)1983年第1期。
[3] 鹃:《洞庭山》,《乐观》1941年第7期。

虎丘、香雪海、双塔、寒山寺、东山、西山、山塘、狮子林、玄妙观、护龙街、胥门、白莲寺、圣恩禅寺、马驾山、神仙庙、宝带桥、沧浪亭、林屋洞、显庆禅寺等，他将一路行来的所见所思行诸笔端，贡献出一条赏游苏州的美丽线路。周瘦鹃对苏州景观的特征把握十分细致。他在《紫兰忆语》中夸奖石湖不比西湖差：杭州的西湖，名闻世界，而苏州的石湖，实在也不在西湖之下。这是对石湖景观的充分肯定。游览拙政园时，他在《观莲拙政园》中写道：秋雨秋风时节，可听残荷上淅淅沥沥的雨声。他找了另外一个听觉的角度来展现拙政园的美，拙政园的诗意盎然而出。在《访古虎丘山》中，他在致爽阁陈设的一套明式家具上啜茗坐谈，景物的体验感油然而生。周瘦鹃写作时极具"读者思维"，用富于体验感的细腻文笔，精心选择景观视角，令读者恍如身临其境，如此用心，苏州景观焉能不在他的笔下大放异彩？

周瘦鹃亦是苏州文化的宣传者。在写给居住海外的女儿周瑛的信中，他从海外人对苏绣的赞美写起，热情赞美了苏绣之魅力：

> 这十余年来，苏绣曾为祖国作出很大的贡献，不管是家常实用品也好，艺术欣赏品也好，车载舟运，远涉重洋，也有送上飞机，凌空而去的……瑛儿，你是一个中国人，听了千万里外这些热情洋溢地赞美祖国新成就的话，难道竟不以为意，无动于中吗？而我这七十老人，却往往因此而激动得淌下眼泪来。[1]

周瘦鹃笔下常常出现苏州美食。如他对常熟虞山王四酒家的鸭血糯赞不绝口，"我们到兴福寺中略略一看，觉得无可留恋，就到寺前王四酒家去就餐。楼上的十多个桌子，一霎时就给我们五十一人站满了，有夫妇二人一组的，有三四人一组的，也有五六人一组的，我的一组却有七人之多，吃了六菜一冷盆，一盘甜点鸭血糯。又要了三斤桂花酒，这和鸭血糯同是王四酒家的著名出品。我于酒酣耳热之际，又来了一首诗：'形势当前灿如霞，佳肴旨酒尽堪夸；老来蔗境甜何似，血糯亲尝王四家。'我本来爱好甜食，今天吃了这鸭血糯，觉得分外的腴美甜蜜"[2]，此乃对王四酒家菜品的直接宣传。1959年国庆期间，周瘦鹃和家人们一起去拙政园观灯，晚餐在东园食堂。周瘦鹃亲自找到东园的主任，订了一桌和菜，家人济济一堂

---

[1] 周瘦鹃：《姑苏书简》，新华出版社，1995，第291-292页。
[2] 同上书，第238页。

其乐融融，他生动地记载了当时吃饭的情形：

> 我一看手表已是六点三十分钟，心想我们的殿后部队也该来了，先头部队怎能远离岗位，合该赶快前去会师；于是即忙拉着你继母，从人丛中挤到东园食堂前面去。这时茶座上早已客满，坐无隙地，那长流水似的游客，还是连续不断地从东园大门外涌将进来。后来听说这一天卜昼卜夜的游客，超出了二万大关，打破了拙政园十余年来的记录。我们俩伸长了脖子，东张西望，好容易望到了七点多钟，才见我们的殿后部队又分作三批先后到达，一点人数，连我们两个恰是一十四口，这时长幼咸集，皆大欢喜。我按照着先吃夜饭后看灯的预定计划，把他们带到园主任特地代为安排的一间客室中去，作为我们的临时食堂。三代人围着一张大圆桌团团坐下，这夜可巧是农历九月十五日团圆夜，我们三代十四人倒也可以算得吃一顿团圆夜饭了。[1]

东园食堂现已不存，但假使东园新开了饭店，周瘦鹃全家赏灯吃夜饭的故事是可以为其品牌塑造所用的。此外，松鹤楼也与周瘦鹃有着密切的关联。陆文夫曾说："周先生每月要召集两次小组会议，名为学习，实际上是聚餐，到松鹤楼去吃一顿"[2]，"我们常常相约去松鹤楼'尝尝味道'"[3]。餐馆不只是周瘦鹃的吃饭之所，也是他的生活美学展现之所。他的宣传为这些餐馆注入了隽永优雅的文化风采，也为当下江南菜系开发提供了新思路。我们有"红楼菜""昆曲宴"，为何不能有"文人菜"？周瘦鹃的日常饮食既合乎江南人的清淡自然的口味，又蕴含丰富的江南饮食文化。周瘦鹃在紫兰小筑请法国客人汪德迈吃的江南点心足显江南文化重精细的特点："我从茶几上一个银盆里取了一块脆松糕送到他手上，说：'这是苏州著名的糖果店采芝斋的出品，请尝尝，风味如何？'汪先生剥去果纸，吃得很快，咂着嘴连连道好。"[4]1943年，周瘦鹃在紫兰小筑小住九日，九日内的菜食各有特色[5]（表3）。

---

[1] 周瘦鹃：《姑苏书简》，新华出版社，1995，第271页。
[2] 陆文夫：《吃喝之道》，载《美食家》，江苏凤凰文艺出版社，2018，第247页。
[3] 陆文夫：《姑苏菜艺》，载《美食家》，江苏凤凰文艺出版社，2018，第218页。
[4] 周瘦鹃：《姑苏书简》，新华出版社，1995，第173页。
[5] 瘦鹃：《紫兰小筑九日记》，《紫罗兰》1943年第4期。

表3 1943年周瘦鹃回苏居住期间饮食一览

日期	饮食名称
5月14日	腊肉炖鲜肉、竹笋片炒鸡蛋、肉馅鲫鱼、竹笋丁炒蚕豆、酱麻油拌竹笋
5月15日	稻香村之玫瑰枣泥饼、杏仁酥蛋饼
5月16日	豚蹄面、十景面、烧卖
5月19日	豚蹄、叶受和葱酥饼、枣泥芝麻饼
5月20日	油炸桧泡虾子酱油汤、腊肉夹蟹壳黄
5月21日	手制蜡仁拌面

周瘦鹃对其中不少菜有独到点评，如对邹荆庵家的豚蹄赞不绝口：入口而化，腴美不可方物，他如敷美鲈脍，昔张季鹰尝食之而思乡。[1]这些点评完全可作江南菜系的广告语。周瘦鹃吃过的江南菜，不仅见证了他从上海到苏州的数十年工作与生活，而且如果开发成"鹃式菜谱"，或成"老字号"餐饮焕新的创意和江南旅游文化亮点。

---

[1] 瘦鹃：《紫兰小筑九日记》，《紫罗兰》1943年第4期。

第二节 传承昆曲艺术

百戏之祖昆曲体现了以文人趣味为中心的文化秩序,凝聚了文人之雅。从春秋战国时代的"百家争鸣"以来,文人士大夫都自认为是中华文明与文化传承的主要载体。[1]在破雅入俗的20世纪初,昆曲中包含的文人趣味和"五四作家"致力打破的旧文学、旧传统是同质的,所以崇尚新文学、革命文学的"五四作家"不喜欢昆曲,但与之相反,以周瘦鹃为代表的鸳鸯蝴蝶派是尊雅重雅的昆曲文化的延续者。

江南一地是"文人昆曲传统"衍滋地。陈去病说:松陵水乡,士大夫家,咸置一舟,每值嘉会,辄鼓棹赴之,瞬息百里,不以风波为苦也。闻复社大集时,四方之士人拿舟相赴者,动以千计,山塘上下,途为之塞。迨经散会,社中眉目,往往招邀俊侣,经过赵李,或泛扁舟,张乐欢饮。[2]余怀在《三吴游览志》中提到赏曲之游的场景:初七,小雨。移舟三板桥,招王公沂相见。忆去年暮春,公沂与吴中诸君邀余清泛,挟丽人,坐观音殿前,奏伎丝肉杂陈,宫徵竞作,或吹洞箫、度雅曲,或挝渔阳鼓,唱"大江东",观者如堵墙。人生行乐耳,此不足以自豪耶?[3]彼时上海中学不少家境殷实的学生早早接触昆曲,周瘦鹃与周吟萍在校园因昆曲而识,周瘦鹃赞扬周吟萍:红牙按拍歌喉脆,常有游鱼出水听;记得华堂曾度曲,春莺百啭牡丹亭。自此以后,昆曲从艺术欣赏化作情感体验嵌入他的社会性人格,构成他优雅抒情的独特气质。

民国时期昆曲虽然没落,但毕竟在中国流行数百年,在上海仍存余温。一些戏院仍上演昆曲,如浣华社曾在开明大戏院演《廉锦枫》。北京昆

---

[1] 傅谨:《京剧崛起与中国文化传统的近代转型:以昆曲的文化角色为背景》,《文艺研究》2007年第9期。
[2] 陈去病:《五石脂》,江苏古籍出版社,1999,第353页。
[3] 余怀撰:《余怀全集》(下),李金堂编校,上海古籍出版社,2011,第376页。

剧乐群社来上海也在开明大戏院会串,"人满之患","台席甫揭,楼上下彩声如雷"[1]。民间亦有不少曲友串演。自清道光年间至1949年新中国成立前夕,上海城内较为出名的曲社总数不下50个。民国时期,啸社曾于1936年邀请浙江海宁永言社、桐乡陶社、嘉兴怡情社等会唱,参加者共77人,盛极一时,"红牙檀板之声,每届串演,即满城空巷往观",爱好昆曲的仁人志士不断努力,以挽回昆曲颓势。[2]昆曲之音在上海街巷的绕梁不绝为周瘦鹃接触昆曲提供了条件。昆剧传习所由上海企业家穆藕初接办,组建"仙霓社"在上海"笑舞台""大世界""小世界""新世界"等游艺场演出,周瘦鹃就常去作座上客。[3]周瘦鹃工作稳定,收入丰实,常于闲暇时间看戏听曲。他不喜欢京剧,即使名角碧云霞的戏也觉"闷气"[4],但婉转动人的昆曲常令他动情至深。周瘦鹃参加曲会之时,与他一起的朋友常有"倚虹独鹤慕琴诸子","咸为击节称赏不置"[5]。周瘦鹃的好友多居于苏州,他们中不少人从小受到昆曲熏陶,有些人甚至会唱曲,"吾邑文人,习声调者,恒聚一曲社,互相研求"[6]。包天笑小时候对于戏剧、说书、歌唱、杂耍等十分熟悉,年轻时还在曲会唱过昆曲。他回忆道:

> 我在廿三岁的时候,又馆在刘家浜尤氏了。那年正是前清光绪二十四年……我所教的是巽甫姑丈的两位孙子,即子青哥之子;以及咏之表姑丈的一个孙子,即听彝兄之子……他们常到我书房里……有一时期,他们几位小弟兄,在我书房里,设了一个曲会,请了一位笛师教曲,我倒不免有些见猎心喜了。因为我从小就常看昆剧,又乱七八糟的看过那些曲本,略有一点门径,他们一定要拉我入会……那个时候,苏州的拍曲子,非常盛行,这些世家子弟,差不多都能哼几句……凡是青年学曲,都是喜唱小生,因为那些曲本,都是描写才子佳人……我亦学唱小生……初学曲子唱小生的,都先唱《西楼记》中的一出"楼会"……我也是如此,这"懒画眉"共有五句,只是前三

---

[1] 燕都曲隐:《红氍毹》,《申报》,1927年10月24日,第11版。
[2] 江南顾九:《西昆杂忆》,《申报》1921年11月29日,第18版。
[3] 周瘦鹃:《回首当年话昆剧》,载范伯群主编《周瘦鹃文集:散文卷》,文汇出版社,2011,第62页。
[4] 瘦鹃:《云霞妍唱记》,《上海画报》1926年3月10日,第2版。
[5] 鹃:《志远东之昆剧与徐园之书画》,《申报》1925年2月27日,第17版。
[6] 江南顾九:《西昆杂忆》,《申报》1921年11月29日,第18版。

句,我唱了一月多,也未能纯熟,而且是日日夜夜在唱……回到家里时,有时深更半夜的哼起来……(曲师)说:"你的嗓子,带雌而又能拔高,最好是唱老旦"……"老旦不容易呢,许多昆曲班里,没有一个好老旦,即如京戏里,老旦也是凤毛麟角呢。"[1]

陈小蝶在诗文、音乐方面也很有造诣,"小蝶……母朱懒云夫人,亦善吟咏,怀孕十二月而生小蝶。小蝶受胎中诗教特久,故生而奇慧,十岁即能倚声,又喜唱昆曲,其封翁(照例如此,老蝶勿笑我)常为之口笛"[2]。

周瘦鹃平常在与昆曲人的唱和交流中建立了深厚的感情。他常去康定路双清别墅拜访"二三十年的老朋友"徐凌云,看见他家中陈列的老干山栀子,放在不同的瓷盆、瓷碗、瓷碟里,十分欣喜。周瘦鹃赞扬俞振飞"渊源家学,腹有诗书""能书能画""写得一手好文章""腹有诗书气自华""无怪艺事也会登峰造极了""一甩袖,一亮相,唱一句,笑一声,都有一种吸引人的魅力",称得上"极优美的艺术品"。[3]周瘦鹃之所以不喜京剧而钟情昆曲,与昆曲行腔优美、缠绵婉转的"艺术性"高度相关,而昆曲人潜心读书、以学养戏的做法更令他心生敬佩。

周瘦鹃的朋友中,懂昆曲、擅文学的袁寒云最令他眷系。袁寒云乃昆曲名家,拿手之戏有《小宴·惊变》,屡与名家合作,"丰神俊逸,情意温存,令人想见当年天宝风流"。[4]周瘦鹃在上海期间与他天天在一起切磋文艺。两人诗画往来,袁寒云赠过周瘦鹃一幅行体立幅,内容为袁寒云为法国文人施各德的爱情故事写的一首有感而发的词,被周瘦鹃裱起来挂在家里珍藏。[5]袁寒云在浙江嘉兴举行赈灾游艺会,表演昆剧,拉着周瘦鹃一起去。周瘦鹃记道:

> 是夕仍往精严寺游艺会,昆剧场演员如昨。有某君演《照镜》,突梯滑稽,可发一噱。寒云与高君叔谦合演《折柳》、《阳关》压轴。予向汪子假(借)得《过云阁曲谱》,按字听辨,倍觉有味。寒云之李

[1] 包天笑:《钏影楼回忆录》,中国大百科全书出版社,2009,第154-155页。
[2] 钝根:《本旬刊作者诸大名家小史》,《社会之花》1924年第1期。
[3] 周瘦鹃:《回首当年话昆剧》,载范伯群主编《周瘦鹃文集:散文卷》,文汇出版社,2011,第62页。
[4] 邱睿:《袁寒云的戏剧人生》,《华夏文化》2009年第2期。
[5] 周瘦鹃:《关于花的恋爱故事》,载范伯群主编《周瘦鹃文集:散文卷》,文汇出版社,2011,第161页。

十郎,高君之霍小玉,摩拟特工,当把别时,阳关一曲,红泪双抛,其宛转缠绵处,直可抵江文通《别赋》一百篇也。[1]

值得一提的是,袁寒云的文学素养很高,他与周瘦鹃在文学创作的方式与旨归上可谓志同道合。他曾批评新文学是:一班妄徒、拿外国的文法、做中国的小说、还要加上外国的圈点、用外国的款式、什么的呀、底呀、地呀、闹得乌烟瘴气、一句通顺的句子也没有。而且矛头直指全面革新的《小说月报》:

> 海上某大书店出的一种小说杂志、从前很有点价值、今年忽然也新起来了、内容著重的、就是新的创作、所谓创作呢、文法、学外国的样、圈点、学外国的样、款式、学外国的样、甚至连纪年、也用的是西历一千九百二十一年、他还要老著脸皮、说是创作、难道学了外国、就算创作吗、这种杂志、既然变了非驴非马、稍微有点小说智识的、是决不去看他、就是去翻翻他、看他到底是怎么回事、顶多看上三五句、也就要头昏脑涨、废然掩卷了。[2]

周瘦鹃引袁寒云为知己。袁寒云去世后,周瘦鹃为之写的悼词是:十年来倾盖相交,爱我深情如手足。千里外招魂何处,哭君无泪裂肝肠[3]。

晚明江南精致文化的璀璨,经历了清朝统治的压制与萎缩,到民国时期文化传承的全面崩溃,再经过20世纪上半叶的兵燹战乱与折腾,到了21世纪还能慢慢复兴,是历史上令人感慨的文化奇迹。奇迹缘何发生?既有昆曲唱腔婉转、念白儒雅、表演细腻的艺术魅力,也有周瘦鹃这样的文人推助之功。周瘦鹃不直接从事昆曲案头创作,而是利用传媒为昆曲人提供良好舆论,让更多市民认识和喜欢昆曲,扩大昆曲的接受市场。

《申报》自由谈副刊创办于1911年8月24日,终刊于1949年4月24日,从1919年到1931年为周瘦鹃主编。在《申报》寸版寸金的条件下,周瘦鹃共刊发多篇昆曲文章(表4)介绍昆曲历史、讲述昆曲人故事,再现演出场景,诠解昆曲特点,以复其本源,达其本真,使读者增进对昆曲的了解。正如江南顾九《西昆杂忆》称"吾邑文人,习声调者,恒聚一曲社,

---

[1] 周瘦鹃:《禾游小记》,载《周瘦鹃游记》,上海三联书店,2019,第36页。
[2] 芮和师、范伯群、郑学弢等:《鸳鸯蝴蝶派文学资料》,福建人民出版社,1984,第170页。
[3] 瘦鹃:《挽袁寒云盟兄》,《申报》1931年4月26日,第17版。

互相研求","年来昆剧,经少数名士之鼓吹,渐现趋时之象"[1]。彼时昆曲走向没落,在大众市场中找不到一席之地。《昆剧谈》详细梳理"小世界"上演的《白罗衫》的版本沿革,在白罗衫全本坊间无印本,各曲社及戏班所演出者,只见数出[2]的背景下,保留了《白罗衫》折子戏不同的修改版本,展示了昆曲人对变化的市场环境的适应性。彼时业内存在昆曲向俗而走的识见,主张昆曲学习京剧的表演程式和台词脚本。《申报》自由谈副刊的观点却惊人的一致:必须坚守昆曲优雅本色。《咏霓曲社》明言反驳"昆曲没落皆因曲词不俗"的误识,称"昆曲之所以能传递不替者,正以其曲词之高雅不俗耳,其艺术上历史上均有吾辈值得提倡之价值"[3]。《京昆之绝大关系》提及京剧、昆剧各有特色,京剧俗昆剧雅是其各自的特点。昆剧虽然没落,但工尺严格,有工尺谱流传,仍可复苏。京剧虽然流行一时,但随意修改、没有定式的表演看起来热闹动人,却"漫无稽考"[4],反不如昆曲有长远的生命力。原汁原味的昆曲升堂入室,乱弹皮簧灰飞烟灭。这与主编周瘦鹃对昆曲之正宗雅味的认同是合契的。他编发的这些昆曲文章所持"忠实体现固有优雅风貌"的识见,在后来的昆曲艺术传承实践中得到了证明。

表4　周瘦鹃主编《申报》自由谈副刊刊发的昆曲文章

作者	标题	日期
天亶	昆曲说微	1919-12-09、1919-12-11
开	诒燕堂昆曲大会串记	1921-01-14
悔初	第一届昆剧会串记	1921-03-11
孤洁	昆剧谈	1921-08-27、1921-08-29
孤洁	昆曲丛话	1921-09-01、1921-09-22、1921-09-23、1921-09-24、1921-09-26、1921-10-05、1921-10-06、1921-10-07、1921-10-08；1922-01-12、1922-02-03
	昆曲保存社申感言	1922-02-18

[1] 江南顾九:《西昆杂忆》,《申报》1921年11年29日,第18版。
[2] 孤洁:《昆剧谈(上)》,《申报》1921年8月27日,第18版。
[3] 凤兮:《詠霓曲社彩排志盛》,《申报》1929年10月18日,第17版。
[4] 朱耐根:《京昆绝大之关系(下)》,《申报》1928年3月22日,第17版。

续表

作者	标题	日期
孤鸿	昆曲丛话	1921-10-27、1921-10-28
江南顾九	西昆杂忆	1921-11-26、1921-11-28、1921-11-29、1921-11-30、1921-12-01、1921-12-02、1921-12-03、1921-12-07、1921-12-09、1921-12-19、1921-12-20、1921-12-23、1921-12-27、1921-12-29
灵鹣	观昆剧保存社会串感言	1922-02-15、1922-02-16
蔗耕居士	西昆片羽	1922-03-07
蔗耕居士	西昆杂忆	1922-03-14、1922-03-16
蔗耕居士	西昆拾零	1922-05-22、1922-05-25、1922-05-26
剑民	一品香昆曲会串志盛	1923-01-23
夕剑	追志昆曲之一	1923-02-02
曹开云	志民立中学念周纪念中之昆曲	1924-01-05
项衡方	曲与昆腔	1924-01-22、1924-01-23
鹃	志远东之昆剧与徐园之书画	1925-02-27
吴颐庐	苏滩丛话	1925-08-21
吉诚	聆曲偶记	1926-03-05
吉诚	记徐寿昆剧	1927-08-05
菊蝶	普益会串记	1926-07-23
燕都曲隐	红氍毹	1927-10-24
朱耐根	京昆绝大之关系	1928-03-21、1928-03-22
吕弓	志昆剧名生顾传玠	1928-08-02
雾庵	记昆剧两名旦	1928-09-01
寄沧	昆剧新乐府兼演堂戏近讯	1929-05-24
凤兮	咏霓曲社彩排志盛	1929-10-18
邓春澍	浣云楼夜宴度曲记	1930-03-24

《申报》自由谈副刊采用连载方式。《昆曲丛话》分 13 天连载,《西昆杂忆》分 14 天连载。连载有助于形成固定的读者群。《京昆绝大之关系》《西昆杂忆》《西昆片羽》《曲与昆腔》《昆曲说微》详细介绍了昆曲及班社发展历史。《昆曲丛话》以人名作篇名,文笔洗练地记载了咸同年间各行业人投身昆曲界的故事。其中"张八"一篇尤为生动:"咸同间,我邑著名之正

净,曰张八,本业骨董,境奇窘。偶闻人歌,喜而效之,声闻里外。某名伶授之曲,不数年名震一邑。遂入班为伶,顾能戏不多,性尤落拓。一日演刀会,装扮未完,掀帘遽出,既觉,乃擎袖障面,俾他人在旁徐徐整理焉。后人效之,至今刀会上场,未有不障面者矣。"[1]周瘦鹃《志远东昆剧》则以补白笔法勾勒昆曲名家神态:"俞振飞君之吕布,以英爽胜;张某良君之王允,以老到胜;袁区波君之貂蝉,以妩媚胜,荟斯众妙,遂成绝唱。"[2]连载机制、史家气质、文学笔法推动了昆曲在市民社会的传播。周瘦鹃荫庇昆曲种子的作用不能忽视。

新中国成立后,周瘦鹃以普通劳动者身份去礼堂观演。1954年9月,"浙江国风昆苏剧团"赴沪参加华东区戏曲观摩演出大会。上演的二十余场剧目《十五贯》《长生殿》《贩马记》等昆剧本戏及《扫秦》《挡马》《相梁》《刺梁》《寄子》《下山》《醉皂》《刘唐》《断桥》《问探》《狗洞》《梳妆》等昆剧传统折子戏,周瘦鹃大都看过。1956年,江苏省文化局和苏州文化局主办举行昆剧观摩盛会。周传瑛率浙江昆剧团承担了这次演出。"传"字辈师兄弟从仙霓社散班后,首次重新聚会。南昆领袖人物俞振飞先生从香港归来不久,虽年近花甲,但风姿神韵依旧。昆剧名家、徐园主人、70岁高龄的徐凌云老先生和他的公子徐子权也来了。会演的规模并不大,时间也不长,却是昆剧历史上一次盛会。周瘦鹃抱着病,连夜前去观赏,乐此不疲[3]。湖南省郴州专区的湘昆剧团和江苏省苏昆剧团的一团、三团联合公演时,周瘦鹃一连半个月夜夜看戏,乐以忘倦,他在写给旅居海外的女儿周瑛(图26)的信中写道:

图26 周瑛和丈夫、孩子

[1] 孤鸿:《昆曲丛话》,《申报》1921年10月28日,第18版。
[2] 鹃:《志远东之昆剧与徐园之书画》,《申报》1925年2月27日,第17版。
[3] 周瘦鹃《回首当年话昆剧》,载范伯群主编《周瘦鹃文集:散文卷》,文汇出版社,2011,第62页。

"一连半个多月,夜夜如此,这是我生命史上从未有过的新纪录。但你可不要吃惊,当作爸爸出了什么意外的事,其实是忙着看戏罢了,你想我夜夜看戏,连看半个多月,不是够忙了吗?"[1]

浙昆剧团在苏州演出《十五贯》时,周瘦鹃去看了,发现尽管演出卖力,但上座率很低。周瘦鹃邀了浙昆艺人和老友范烟桥、程小青来紫兰小筑,边喝咖啡边聊改编问题。周瘦鹃的女儿曾回忆了这些名士们聚在紫兰小筑里讨论的情形:

> 父亲和程老、范老、谢老、顾老(小青、烟桥、孝思、公硕)在紫藤架下围坐着,谈笑风生,母亲正在沏茶、装糖果,我好奇地站在一旁探探头问母亲:"妈,爸爸他们一定又大发诗兴了。"母亲端着茶盘笑着说:"今天他们正在商讨着大事呢。"……父亲侃侃而谈的时候,我悄悄地溜走了,不能再打扰他们,因为父亲和伯伯们要商谈苏州园林的修建,要对挖掘姑苏历史文物,繁荣苏剧、评弹、昆剧三朵艺术之花等等提出许多建议。[2]

周瘦鹃明确提出昆苏分家:昆是昆,苏是苏,不要混在一起,两不讨好。苏昆的合流经历了合合分分、分分合合的不同阶段。[3]昆苏混合是有历史原因的。昆曲的深奥词藻引不来观众,只好演出"新型苏剧"糊口。昆剧之所以能勉力维系,昆苏混合起到了一定作用。但并不能因此丢弃昆剧特色。昆剧具有完整的声乐理论体系,强调字与声、声与情的相互作用,将声音作为情感的重要艺术手段,发展出符合中国人发声的"字音理论"[4],昆剧总有一天要独立发展。周瘦鹃认为,昆剧应向苏剧学习通俗化表达技法。昆剧《十五贯》要改剧本,让剧本更符合普通群众口味。

1955年秋,浙江省文化管理部门成立以黄源、郑伯永、周传瑛、毛传淞、朱国梁、陈静等6人为成员的改编小组。他们采纳了周瘦鹃的意见,做到昆苏分开,不再是昆苏剧。改编者遵循"减头绪""立主脑""密针线"的传统戏剧创作原则,将原来26出旧传奇本删繁就简为8出,保留熊友兰、苏戌娟沉冤被雪一条线索,突出表现况钟为民请命的负责精

---

[1] 周瘦鹃:《姑苏书简》,新华出版社,1995,第18页。
[2] 同上书,第302-303页。
[3] 谢柏梁、屈桂林:《昆苏融通归"然境"》,《艺术百家》2005年第5期。
[4] 包莉:《昆曲字音理论对于流行演唱的启示》,《音乐时空》2015年23期。

神和实事求是的办案作风,忠实了昆剧的特色。周瘦鹃赞道:"剧情集中了,剧本精简了,选取了通俗化的词句,让观众一看就懂","唱词都是昆腔,十分动听"[1]。

周瘦鹃主张昆苏分家,并不是说要昆苏彼此断绝联系,而是说要尊重昆剧和苏剧自身艺术特色,只有分开了,认识自己的特色,找到适合自己的发展道路,才能挽救自己。他后来致力于苏剧《十五贯》改编工作,提出苏剧要姓"苏",扭转观众"昆苏一锅"的审美偏差。[2]在政治协商委员会议的文娱晚会舞台上苏剧《十五贯》的开场前,他说:"我们仍要一以贯之地爱护他们,培养他们,使他们一天天壮大起来,千万不要忽视这一份新生力量。今后我要像京剧《三娘教子》里那个忠心耿耿的老家人老薛保一样,全心全意地帮助主母把小东人好好地教养长大,指望他一飞冲天,一鸣惊人"。[3]

周瘦鹃不仅将昆曲之美融入文学创作,以昆曲之灵性填涂创作之底色,而且亲自参与了昆曲的改编,主张昆曲循照其艺术规律的发展,利用大众媒介宣传和传播昆曲,开拓了传播昆曲的新空间。他在欣赏、评鉴昆曲及与昆曲人的日常交往中,帮助他们巩固了坚守戏台的自尊,促进他们为广大市民知晓,守卫了低潮期的昆曲,延续了明清以来的"文人昆曲传统"。新中国成立后学界整体对周瘦鹃为代表的鸳鸯蝴蝶派作家的戏曲价值评价不高。罗荪《论鸳鸯蝴蝶派对戏曲的思想影响》认为鸳鸯蝴蝶派"是中国近代文学发展中的一股浊流",对戏曲的影响是"极其恶劣的"[4],"言情"戏曲充满"颓废、没落、感伤、糜烂、疯狂、混乱的资产阶级思想感情"[5]。周瘦鹃以文学活动、交往活动沿承"文人昆曲"传统的做法有力地驳斥了这种观点。作为上海市民大众文坛上最有代表性的作家[6],他驱动的不只是市民大众文学的发展,而是包括文学、昆曲等多样艺术形式在内的综合艺术的发展。他的价值是超越文学的。近代以来文人群体已经衰落,但文人推助昆曲发展的余温犹存。不少当代文人如余秋雨、白先

---

[1] 周瘦鹃:《十五贯》,载范伯群主编《周瘦鹃文集:散文卷》,文汇出版社,2011,第66页。
[2] 冀洪雪:《苏剧现状与前景的思考》,《苏州教育学院学报》2012年第3期。
[3] 周瘦鹃:《十五贯》,载范伯群主编《周瘦鹃文集:散文卷》,文汇出版社,2011,第66页。
[4] 罗荪:《论鸳鸯蝴蝶派对戏曲的思想影响》,《光明日报》1963年12月3日,第3版。
[5] 慕容文静:《试谈〈秋海棠〉等戏的思想倾向》,《上海戏剧》1963年第7期。
[6] 范伯群:《周瘦鹃论》,《中山大学学报》(社会科学版)2010年第4期。

勇、苏童、于丹、杨守松等都在传播昆曲上做出一定贡献，但昆曲于他们而言是一种研究对象和创作题材，而非生活方式，因此他们的昆曲传播缺乏"昆我交融"的浑然一体感。从艺术维度和生活维度调动文人传播昆曲的自觉性和创造性，才能真正复苏"文人昆曲"传统，接好周瘦鹃递来的昆曲传承接力棒。

第三节 赋能江南城市

文学景观作为文学作品人物活动的虚拟景观和文学描写的实体景观,是构建富于美学价值的城市旅游文化的重要途径。金克木最早倡导从地域角度研究文学艺术。后续学者探讨地域环境对文学作品和文学流派的精神特征、表现内容和美学意蕴的影响。从体验经济角度探讨文学与旅游的关系,阐述了文学旅游资源的形态和特有的吸引力及品牌塑造路径。研究对古代著名文人的文学景观资源搜集较为充分,而对近现代、当代文人的文学景观的旅游开发的资源整理和品牌形象建设比较薄弱。厚古薄今式的文学景观研究不利于充分盘活文学景观资源对旅游的促进作用。与之形成对比的是,西方在理论研究和实践研究上,对于近现代甚至当代文人的文学景观开发已经走在了前面。在理论上,他们在文化旅游的概念的提出和理论架构上都比较先进和成熟,如美国学者麦金托什(McIntosh)与格罗特(Gebert)提出了"旅游文化"概念。在实践上,一是近现代的文学景观开发更多,二是文学景观开发更加充分,群众基础也更好,一些原本不起眼的景观都被成功开发,如《指环王》作者托尔金住过的旅馆房间被命名为托尔金房间。《哈利·波特》作者 J. K. 罗琳常来的咖啡店 Majestic Café 成为游客打卡胜地。文学景观和旅游的深度融合起到赋能创意城市建设之功。

当前文学景观的研究主要探讨地域环境对文学作品和文学流派的精神特征、表现内容和美学意蕴的影响。陆草研究近代文人的景观分布状况得出:近代七大文化区各具优势,长江三角洲地区长于汉学、小说,文风恢宏而富赡;杭州湾地区长于史学、诗词,文风雄深而清奇;桐城以散文胜,沉练而雅洁;皖南以经学胜,醇厚而质实;湘江地区以哲学、诗文胜,劲悍而朴茂;闽江口地区以翻译胜,博洽而峥秀;珠江三角洲地区偏重政治,激切而雄诡。[1]这种研究依据景观来考察文学的中心议题,如文学的渊源地,文学与文化中心的景观分布关系等。文学景观还包括文学中展现的区域,如杨霖研究清代"游草序"后指出,序与游者、文学与景观相联系,客观展现出了清代文人的旅游状况及所游之地的景观视域。[2]文学景观主要包括:一是文学家景观分布的历时演变,可以考察文学盛衰与文化变迁之关系,能有效阐释文学演变的文化动力;二是文学作品的空间意象,可以考见文学家的创作动因;三是文学家与居住地文学群体的互动,可以发现一时一地的文学好尚之于文学演变的意义。[3]

与文学景观不同,"生活景观"来自"景观教育"的概念,我们取其对应的"生活居住地"的意义,重心并非完全放在景观位置上,而是综合了景观学和文化学,指文人的生活和景观的结合。具体来说,是文人的日常生活的变化与景观位置的变迁的对应关系的折射。文人的"生活景观"包括文人的"生活居住地"及求学、交往、游玩的等活动地点的总称。江南文人对所居城市的意义,并不只体现于他在文学创作中对这座城市的诗情画意的描绘,也体现于他外在的创作过程——城市生活中。街巷、学堂、小镇、公园这些普通的景观,因为与江南文人日复一日、年复一年的生活接触而晕染上独特的文化底色。这种文化底色既不同于远古历史人物身上的辉煌色彩,富有贴近当代的亲和力,也不同于市井普通百姓身上的单调色彩,包孕从传统而来的雅致情趣。以周瘦鹃为代表的"江南名士"在开展清隽雅致的文学创作之余,也同时营构着尚雅求精的生活美学,在苏州的街巷坊桥处留下了独特的文人韵致。他们留下的故宅、旅行的足迹、履临的景观正是"苏州故事"的最好素材。江南文人的生活故事与城市景观耦合而成的"生活景观",因其蕴藉了文人的冲淡、风雅的生活美学,从而与当代城市公众间建立了新的文化连接,为烟火味的人文城市的开发提供美学唤醒的新路径。

江南文人是江南城市品牌建设的宝贵财富,然而这些财富却没有完全变作江南城市品牌建设的现实资源。以文物古迹、商贸集市、广场、纪念

---

[1] 陆草:《近代文人的地理分布》,《中州学刊》2000年第3期。
[2] 杨霖:《清代"游草序":地理视域与文人心理空间的再现》,《苏州大学学报》(哲学社会科学版)2018年第4期。
[3] 潘德宝:《文学地理走进新体中国文学史的重要节点与意义》,《浙江社会科学》2020年第9期。

馆、博物馆等"硬景观"的建设作为开发方向,"硬邦邦"的人工景观隔离了江南文人与城市人群的情感交流。而且,在城市景观开发中,偏重于保护、修缮具有悠远历史的文化遗产,如古代文人故居、重大历史事件发生地等,而现当代文人的纪念性景观无觅处,有厚古薄今之嫌。江南一地从古代、近现代到当代都涌现出众多温文尔雅、博学尚读的文人。古代有元朝的黄公望,明朝的袁了凡,清朝的沈复、李渔,近现代有周瘦鹃、范烟桥、程小青等,当代有叶兆言、苏童、陆文夫、格非、余华、范小青、金庸等。苏州更是市民文学作家大本营,周瘦鹃、范烟桥、程小青、包天笑、顾明道等在苏州街巷间留下的故宅、活动的场址皆具有高纯度的文化意蕴和高前景的旅游价值。在文人资源的利用方面,以学术性的史料整理、典籍出版居多,而少有从史料中提炼、遴选、创作的故事集的整理与出版。在"故事"的创作与开发上,依托影视为舞台、流量明星为载体的虚幻故事居多,不足以体现城市的文化厚度。如何从"遗产景观"走向"生活景观",接通江南文人与当代人的心灵,实现文艺资源向现实生产力的转换,仍是江南城市建设面临的重要问题。

在艺术与生活的现代分家之前,压根儿就不存在什么日常生活审美化的问题,因为日常生活本身就包含了审美化;或者反过来说,审美化就蕴含在日常生活实践之中。[1]文学艺术家有着敏锐的感官系统。在日常生活中他们也不会停止感性的探索,在视觉、听觉、嗅觉、味觉、触觉、体觉、心觉中敏锐地捕捉、凝聚和强化、提升那些诗意的、审美的成分,按照美的规律来建构生活。[2]周瘦鹃等江南名士亦如此。他们面对美景时常常"由情思得发,故得境界。情景交融,故得美感"[3]。审美化的旅游生活对应着文人们风雅冲淡的生活美学,独特的"赋诗""意会""适时"的旅游方式为当代人品玩城市景观提供了蕴藉诗性的审美视角。他们的生活居住地多位于静谧街巷,毗邻古典园林,尽显悠闲散淡的韵味。徐碧波家由光福迁到城中,先是居住于道堂巷小市桥旁,后定居在宁谧的慕家花园。范烟桥住在城里的温家岸,他在一篇旧文中描绘了这座清雅小院:我

---

[1] 周宪:《文化表征与文化研究》,上海人民出版社,2015,第351页。
[2] 杨岚:《从〈闲情偶寄〉看中国传统日常生活审美中的文人情趣》,《美与时代》2010年第7期。
[3] 孟东生、王蕾:《流动之美:从中国古典美学角度浅谈古代文人之意与亭楼景观之境的契合》,《艺术与设计》2008年第3期。

家有院,又假山数垛,颇嵌空玲珑,有池虽天旱不涸,有榆树不可合抱,其他梧桐、腊梅、天竹、桃、杏、棕榈、山茶,点缀亦甚有致。名士的风雅生活附丽于居住地中,使得江南生活美学获得景观依托。与遥远得看不清面影的古代士子生活相比,江南名士的生活与可感可触的居住地的结合成为接近、贴合当代人的生活品味与审美想象的活态生活景观,创造出传扬江南风雅神韵的独特的"城市修辞话语"。

江南名士的居住地与踏青寻秋的游历活动造就了文韵昂扬、诗意盎然的登高之游、美食之游、园林之游等特色旅游路线。只是这些名士精选的旅游路线今大多已不存,如何复苏倒成了城市旅游新课题。以赵眠云为例,他曾坐船从广济桥到木渎天平山登高,一路走一路玩,好不惬意。但20世纪70年代,因广济桥下的水闸关停,所以画舫就没了,部分游船移至山塘街,广济桥通往木渎的水路航线从此消失。赵眠云记载的木渎"栖星桥"现已不见。这条"画舫路线"从山塘街经胥口到木渎,"栖星桥"可能是灵岩山前的平桥。地方政府如能恢复这条线路,或为这条"名士之路"立牌标识,不正是激活名士审美内涵、打造新的文化地标的好做法吗?江南名士的"生活景观"不只是"零散地点",而是可以结合周边景观环境、与诸多商业形态整合成"文化地带",针对不同的社会群体构建江南名士场景式的商业旅游新模式。如面向中小学生作文爱好者群体,以重走名士旅游路线为主题,将旅游踏访与江南名士的作文技法传教相结合,打造彰显崇文特色的"作文之旅";或依托江南名士就餐过的餐饮门店景观,以江南名士的美食故事带动美食消费,开发江南文人美食之旅等,塑造创意旅游品牌形象。

在城市的开发中,"故事"具有重要的作用。美国导演、剧作家罗伯特·麦基(Robert McKee)在《故事》一书中解释了什么是"好故事"。"好故事"就是理性和非理性的联姻,是对人生的真实比喻,要让观众信以为真。好故事充满动感和节奏。[1]江南城市品牌建设的"故事化"是将"故事"的构思、情节、人物等融入城市景观中,赋予具体景观以独特的人文意义,增强城市对人的亲和力和吸引力。"城市故事"的"讲述主体"

---

[1] 罗伯特·麦基:《故事:材质、结构、风格和银幕剧作的原理》,周铁东译,中国电影出版社,2001,第38页。

主要包括城市形象宣传片[1]、报纸[2]、电台[3]、电影[4]、出版社[5]等。"城市故事"是城市发展过程中的重大标志性事件的总称。城市的故事化不是对城市历史的重述，不是讲述城市的历史，而是提炼城市中的人的故事并将之融入具体景观设计之中，使得人们在城市的行走变成寻找、契合、融入"故事"的过程。研究者们借鉴罗伯特·麦基从文学创作角度对故事的"冲突"性的重视，将"城市故事"理解为对城市里的人经历的各种冲突的艺术化、剧情化表现，将"城市故事"等同于"影视剧故事"。或者，与之相反，有研究者认为，"城市故事"是普通人的日常生活故事，是真实的生活，而不是艺术化的提炼和虚构。对于江南城市品牌建设而言，适合的故事不能只是影视剧里的艺术典型或现实世界里的普通人的故事，而应包括历史时空中具有代表性的人的故事。这些人是经过历史考验过的城市个性和精神的最佳载体，他们的故事构成了一座城市历史的和现代的感性地带，融汇了城市经历和变迁，是城市生活和历程的印证，是城市活的灵魂。[6]对有代表性的江南名士的故事与现实景观的有机整合，是传达城市个性、精神和内涵的有效路径。

江南名士在苏州学习、执教的学校很多，郑逸梅求学之所为苏州长元和公立第四高等小学堂、江苏省立第二中学、江南高等学堂。徐碧波求学之所为光福西崦小学（现光福中心小学）；郑逸梅执教之所为苏州附中。范烟桥执教之所为吴江八坼第一小学兼八坼女子小学、吴江县第二高等小学、第一女子小学。程小青执教之所为东吴大学附中、苏州景海女子师范学校。这些学校背后隐藏的是江南名士努力且机智的求学故事。徐碧波10岁时跳级上二年级。他读书聪明，成绩优异，每次考试都是名列前茅。他的老师是个老学究，有一次，教师即席以康熙皇帝当年圣恩寺题词"松风水月"四字，命为缀法题，徐碧波马上答句："风吹松其枝动，月照水其形圆。"教师当即批"敏妙"二字，以资鼓励。11岁那年新春期间，西崦小

---

[1] 李思嫒：《城市形象建构中的故事化叙事研究》，《传播力研究》2019年第30期。
[2] 王雪峰：《讲好地方故事，繁荣城市文化》，《新闻战线》2021年第9期。
[3] 卞海峰：《徐州广播电视台：讲好特色故事 雕刻城市形象》，《中国记者》2016年第6期。
[4] 唐一歌、牛梦笛：《如何用电影讲好中国名人故事》，《光明日报》2017年1月11日，第5版。
[5] 童伟中：《城市出版社要讲好城市故事》，《中国出版》2017年第14期。
[6] 秦德君：《要多点"城市故事"》，《决策》2019年第10期。

学教师们在本镇旱桥弄口，开设了家春联铺子，附设春灯谜，徐碧波也在其间试猜灯谜，如："非同鸟"打一古人名字，他就猜中为"司马相如"；"操奇计赢"打国名，他思忖良久，居然猜中为"意大利"；又如"梦花郎复活"猜地名，他猜出谜底"江苏"，也对了。诸如此类，共计猜到了近10条，诸位师长都抚摸着他头顶，赞为早慧。他带了许多赠品回家，母亲问得情况后，竟高兴得声泪俱下。13岁那年，徐碧波以总分第一从西崦小学毕业，并领得最优等文凭。冯校长的弟弟及班主任孙老师特地与他于校园之牡丹亭畔合影留念，旁边有一株玉兰树，掩隐扶疏于曲廊碑文之次，风景佳绝。徐碧波将此照片保存了几十年。当下这些地点大多未加以标识，于景观而言，失去了与江南名士的精神交通的良机，于城市而言，失去了传扬诗性智慧的江南文化的契机。我们应当通过塑像、立牌、树屏等标识的方式，将名士文化嵌入城市"肌理"中。依据江南名士的工作、写作、生活的路线开发"诗化山水之旅""江南美食之旅""苏派盆景艺术之旅""崇文重教之旅""职场体验之旅""古典和现代园林之旅"等特色精品旅游路线，通过"诗与远方"主题的出版作品、"直播电商"主题的社交媒体产品、"鸳蝴文创"主题的周边产品的旅游产品塑造，进而增加旅游路线的附加价值和多元体验。

  针对当前对江南名士的学术研究富裕，而与大众认知衔接的通俗研究不足的现实，应组织动员文艺界、媒体界、文创界力量与学术界力量开展协同耦合，以爱情故事、交往故事、尊师故事、廉洁故事、孝顺故事、励志故事等为主题，创作出版一批既有学术分量又通俗易懂的散文类、史传类、小说类的"故事类"作品，通过将深藏书斋的学术资源变作大众喜闻乐见的故事资源，从消费者认知的层面为江南名士"生活景观"的商业化运作夯实市场基础，从故事创作的层面为以江南名士为主题的影视剧、文创产品、旅游产品的开发储备内容资源。正如我们不能设想人们在不了解李白的诗篇时还会对李白笔下的景观充满向往一样，作家作品如果不能为人们阅读、观看、认知与记忆的话，他们留下的生活景观就很难激发那种只有在认知充分的基础上才能产生的情感联动与心理共鸣。是以我们应当抓住特定节庆或时段的契机，经由印刷媒介、社交媒介、智能媒介、复合媒介、富裕媒介（rich media）为载体，借助系列形式播出或出版以江南名士的成长经历、生活美学、文化阅历为主题的影视作品、文艺作品，通过多元化、系列化、定期化的传播动员巩固江南名士在大众心中的认知地位。只有积极开掘文学资源，大力打造旅游创新线路，让城市游历和文化体验深度融合，文学底蕴和街头景致互相嵌入，文化影响和经济效益有机统一，底蕴深厚、积淀浓郁的江南文化资源才能真正化作推动江南城市发展的强劲能源。

第八章 江南名士的苏州生活

本章以"生活景观"为切入视角，讲述鸳鸯蝴蝶派包天笑、徐碧波和程小青的苏州生活故事。他们与周瘦鹃相交甚笃，长期居住在苏州，又从事共性化的市民文学创作，因此他们是美好生活与江南文化的共同书写者。

第一节　桃花坞里包天笑

苏州阊门内北城下，有个桃花坞。在桃花坞生活过的名人如云如星，杨成、范成大、曹沧洲、文天祥、文震亨、文震孟、严家淦、杨廷枢、杨无咎、张世杰、章粲、郑思肖、费树蔚、韩世能、费巩、姜埰、姜垓、李模、皋伯通、梁鸿、陆润庠、舒位、泰伯……19世纪80年代的一天，中国近现代鸳鸯蝴蝶派作家包天笑搬到了这里，遂令桃花坞名人谱册中又多一位可圈可点的才子。

包天笑（1875—1973），江苏吴县（今苏州）人，原名清柱，又名公毅，字朗孙，笔名天笑、拈花、春云、钏影、冷笑、微妙、迦叶、钏影楼主等，报人，小说家。包天笑的祖父、外祖父在苏都有产业，但让人奇怪的是，他的父亲一直无甚稳固宅业，只是租于阊门城内，一众亲朋也习以为常，因此不停搬家成了他记忆里的常态。包天笑出生于城内西花桥巷。5岁那年，也就是1881年，父亲把家搬到了阊门的刘家浜。刘家浜东出吴趋坊，西至石塔横街，位于金门内，地段还不错。父亲读书不多，后在钱庄打工，做得顺风顺水，据说做到"高级职员"级别，但脾气不好，和上司吵了架，结果一赌气不干了。就在这一年（1883年），父亲领着7岁的包天笑从刘家浜又搬到桃花坞。桃花坞远非包天笑搬家之旅的终点站。他10岁那年，父亲又搬到了文衙弄，在那里，包天笑住到了15岁，然后再迁往曹家巷。后来父亲去世，包天笑去了上海定居，搬家之旅终告一段落。

包天笑的童年像只不停飞翔的小鸟，在阊门的大街小巷寻找栖息地。不停地搬迁与对搬迁状态的适应，可能和包天笑家族的经商传统有关。包天笑的祖父开了米行，外祖父更是豪气，在苏州胥门外开烧酒行，而且是苏州典当公业的总理事。当时典当公业可不是小机构，属于半官性质，必须向北京户部领照，在苏州同业中地位颇高，可见外祖父在商界的威望之隆。他为人大方,"尽量挥霍,一无积蓄",呼朋引伴,不醉不休,以致无人不知烧酒行吴家。此外,阊门内西中市大街最热闹繁盛之区的同仁和绸缎庄,也是包天笑的二姑丈尤氏家开的。

行商坐贾,市井穿梭,本不看重一城一池的固守,而更愿随势适时、临机应变。顺时应势的家风濡染下,包天笑也渐渐习惯甚至享受搬迁的过程,把居住位置的流动看作人生的常态,对新的环境、新的人事具有较强的适应力,所以后来移居上海的包天笑,活得汪洋恣肆,笑傲江湖,如鱼得水游弋于报刊业、出版业与电影业间,其开朗阔大之生命格局与童年时期的不停搬迁存在着某种干系。严格意义说,童年时包天笑的搬家与背井离乡不同,只是围绕着阊门区域不同地点的转移,搬家范围都在城市中心与郊区徘徊,亲朋好友都居于周围。在桃花坞,包天笑仍然被家族亲友围聚着,享受天伦之乐和朋辈之欢。

包天笑的新家桃花坞,住着一个大家族——姚家。他们在桃花坞有两大宅,东宅与西宅。两大宅房屋总共有百十间,明代所建,现在出租给人家居住共有十余家。房东后来还成了包天笑的私塾老师。包天笑和一帮私塾子弟在姚宅学习和生活,倒也不觉寂寞。桃花坞地处阊门繁华地,四通八达,包天笑可以通达于亲戚朋友之宅邸。住于史家巷的外祖父母家乃包天笑常去之所,春秋两季,平日遇逢拜寿、问病、吃喜酒之类都要回去。在新年里回去向外祖父母拜年更是包天笑童年常事,到史家巷吴宅吃午饭,到桃花坞吴宅吃晚点是包天笑新年的规定动作。桃花坞成了包天笑家族亲情流递的中转站(图27)。

相比常常经商外出的父亲,童年的包天笑更依恋操持家务、勤勉教子的母亲,"常常捧着母亲的面颊,勾着母亲的头颈而睡的",但父亲也并非完全没有尽到照顾之责。其实,父亲在包天笑的心中也还蛮有趣,像时不时出现在包天笑身边的一个朋友。在教育子女的态度上,父亲"主张开放,不主张拘束",有空就会带着包天笑东游西逛,前提是读书认真。此时的桃花坞一带是昆剧演出兴盛之地,沈朝初《忆江南》咏道:昆调出吴阊。父亲常会带包天笑去城里听昆剧。昆剧的温糯软柔、余韵悠长塑造了包天笑以后从事电影音乐创作的基调。父亲还在生意应酬时顺便带包天笑坐花船。有时还会把包天笑带得更远,比如上海。有次父亲在上海生了病,祖母带着包天笑去看望,到上海时父亲病已好了不少,就领着包天笑

图27 平四路以南人民路以西，东中市和西中市以北，北码头以东的桃花坞

去吃西餐，坐黄包车，让他大开眼界。后来包天笑把上海作为安身立命的事业舞台，和这种与父亲有关的东游西逛的体验是分不开的。父亲常说："孩子拘束过甚，一旦解放，便如野马奔驰，不可羁勒。"和母亲的严肃教子相比起来，父亲的教育更加松弛，这倒使包天笑在学堂苦学的同时，也有机会领略社会的风采。

后来包天笑长大成人，去了上海打拼事业，回苏时也选择小住桃花坞表弟吴子深家。不少同学朋友会来请包天笑吃饭。在桃花坞亲友簇拥的融洽氛围中，包天笑养成了乐于交友、欢喜交游的生活习惯。他移居上海后，一个讨喜的品格就是随和、合群。他不但显现了高超熟练的写作、出版与编剧才能，而且展示出与作家、编辑、导演、编剧和谐相处、提携扶助的素质。他提携了许多故知新朋，包括后来大名鼎鼎的周瘦鹃。在桃花坞酬酢交往的家族亲友中，有一位中国现代文学史的重量级人物——姚苏凤，就是包天笑的亲戚，两人在桃花坞时有见面，后来两人都成了中国电影的参与者与局内人。看来，桃花坞不仅接纳了包天笑生龙活虎的青春身体，而且培育了他知人善察、敏于沟通的社会交往气质，更提供给他支持事业发展的弥足珍贵的人脉资源。

因为家道中落,包天笑不得已随父迁居桃花坞。原先住的刘家浜住宅条件相对较好,历史上就是大户居住之所。与包天笑一家住于刘家浜的两位合租伙伴就并非等闲之辈,乃至江苏来候补的大员,一个姓谭,安徽人;一个姓赖,福建人。相比刘家浜,包天笑租住的桃花坞相对偏向城北一些,属于城郊,在这居住的多是平头百姓。

这座桃花坞的新居其实是旧屋。1863 年,李鸿章围攻苏州太平军。9月末 10 月初,李鹤章部太平军降将程学启攻占黄埭、浒墅关,直逼阊门。包围苏州城势成,10 月中旬太平军娄、齐、葑、盘四门外的十余里营垒俱被淮军攻破,经此战役后,烧的烧,拆的拆,华屋高楼,顷刻变为平地了,姚家也在战争中被损毁,创痕随处可见。屋内大厅上有一张大天然几,留有无数的刀砍痕迹,但架子还在,气势犹存。东西两宅,各有大门进出,好似红楼梦上的荣宁两府,其中东宅共有七进,除茶厅,大厅无楼外,其余每一进都是三楼三底两厢房。包家与姚家合住在最后一进,这一座三楼三底,包家住了三分之二,姚家住了三分之一。从包家最后一进到大门外,要走过一条黑暗而潮湿的备弄,足有半条巷之长,倘在夜里,又没有灯,只好摸黑。

尽管桃花坞的生活条件不如从前,但总体而言,经商的父亲还是可以保证包天笑过上小康生活,请得起私塾,吃得起饭馆,听得起昆剧,培养了包天笑比较多元的文艺素养。明清时期,桃花坞为手工业作坊的集聚地,木刻年画作坊多达百余家;此外,还有制扇、竹木、牙雕、装裱、蜡签、锡器等工场,所以虽然地偏一些,但商业还是繁盛的,贩夫走卒往来川流,市声喧嚣。小小包天笑游走市井,接触到了各类人群,听闻了千奇百怪的市井传奇。

当时观前街有许多书场,说大书(平话)的,说小书(弹词)的,好不热闹。新年里,不读书时,包天笑会闹着跟大人们连听十几回。城中玄妙观是包天笑儿时的乐园。露天书、独角戏、说因果、小热昏、西洋镜一应俱全,这些都是属于文的。卖拳头、走绳索、使刀枪、弄缸弄甏则是属于武的了。大人带他去玄妙观,玩了许久,最后总要催上几次,才见他依依不舍地跟着回家。"桃花坞里桃花庵,桃花庵下桃花仙",包天笑过着高高兴兴、闲散悠然的日子,欣然融入地道的市井文化中。埋身于市井街衢的桃花坞塑造了包天笑贴近大地、远离玄虚,对平凡物什兴致盎然,对里弄生活满含热情的创作风格。

以前住在刘家浜时，由于父亲收入稳定，包天笑常能吃到好物什，当时家里会把吃不完的米磨成粉，制成糕团等种种家常食品。包天笑的餐桌上，玫瑰酱是下饭基本佐料，白水粽也常常见到。后来搬到桃花坞了，虽然家道中落，但桃花坞也不是穷处，美食点心比比皆是，食客热热闹闹地聚集着，慢悠悠地品味着早点，这些大饼、油条、白粥、糕团，虽然看上去难登大雅之堂，却充满着让人踏实的能量，填饱了包天笑的胃，进入了他的记忆，"晨餐是吃粥的，从不吃饭，如不煮粥，则吃点心。说到点心，那是多了，有面条、有汤包、有馄饨、有烧卖，有一切糕饼之类"[1]。时至今日，桃花坞依然开有无数点心店，冒着热腾腾的白气。一碟锅贴、一碗稀饭成了居民的早餐范式。在桃花坞，包天笑有了新的朋友，新的生活，身处寻常陋巷，却也有几分闲情雅致。这些乐子让桃花坞的生活充满了市井风情。饮食男女，市井风俗，也涂抹出包天笑文艺创作的底色（图28）。

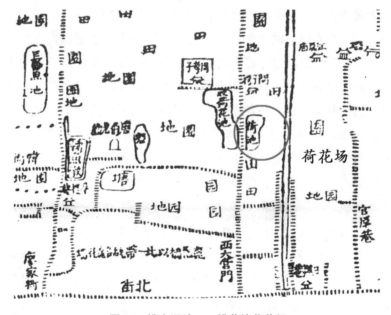

图28　姚宅旧地——桃花坞荷花场

桃花坞一带乃苏州文脉荟萃之地，唐诗人杜荀鹤曾作《桃花河》诗，宋范成大《阊门泛槎》诗有"桃坞论今昔"句，宋末元初，一位旅居桃花

[1] 包天笑:《衣食住行的百年变迁》，政协苏州市委员会文史编辑室编印，1974，第13-14页。

坞庆里的诗人徐大焯在《烬余录》中也提到了桃花坞:入阊门河而东,循能仁寺、章家河而北,过石塘桥出齐门,古皆称桃花河。最为世人熟稔的是风流才子唐伯虎之诗"桃花坞里桃花庵,桃花庵下桃花仙",足显桃花坞历史之悠长,文气之沛然。加之苏州本有崇文重教之传统,士大夫宽衣博带,大冠高履,家家礼乐,人人诗书,私塾教育之风兴盛,搬到桃花坞的包天笑,依然感受到了这份气韵丰沛的文脉。

在老宅并不亲切的面貌后面,包天笑发现了一处书房。书房里四壁挂满了许多古今名书家的对联字轴,中间摆着好几张大书桌,甚是古雅。书房主人是房东内侄姚孟起,他的书法很好,前来学字的踏破门槛。在江南称得起一位大书家,文学也很好,有许多向姚孟起学写字的学生,都是名门巨宦的子弟。这所取名松下清斋的桃花坞姚家书房,成了当时苏州无人不知的著名场所。其间各色人等进进出出,算得上"谈笑有鸿儒,往来无白丁"了,其中不乏著名的文化人物,如朱和羹、杨沂孙、俞樾等人。年幼的包天笑看在眼里,深深体会到了文化的尊严与魅力。

包天笑的亲人中,做生意的多,有文化的不少,属于儒商。祖父就是一个文人,常以吟咏自遣,喜欢种花、饮酒、吟诗。祖母也教过包天笑识过几个笔画简单的字。二姑丈巽甫也读书习文,而且请了名师教授,写得一手好八股,理路清澈,规律精严。母亲虽然未入学堂,但识礼遵德,重视教育,"事姑,相夫,教子,可以说是旧时代里女界的完人"[1]。包天笑五岁就上了私塾,与家族读书种子绵延不绝不无关系。他的第一位私塾老师乃陈少甫先生,不久,陈先生随一位驻美钦使去美国了,后来包天笑对日本文化颇感兴趣,自学了日文、英文和法文,他第一部电影改编作品即从日文译来的《空谷兰》,其源头可能与私塾教育的眼界洞开有关。

包天笑搬到桃花坞后,私塾教育并未中止。私塾就在桃花坞姚宅开张,一开始老师是何先生,后由亲戚姚和卿担任。老宅有三进,私塾就在第二进大厅,高门大屋,门木古旧,书声琅琅,别有一番气韵。和刘家浜的日子比较起来,对包天笑而言,这段私塾岁月更加"开展",与身体的蓬勃成长相伴随,他的识见也在葱茏发育。他读了《千字文》《诗品》《孝经》《三字经》,虽不算太认真,却也不顽皮,中规中矩,总体是很快乐的。书

---

[1] 包天笑:《钏影楼回忆录》,上海三联书店,2014,第4页。

读得多了，眼睛就近视了。10 岁那年，父亲奖励包天笑读书有成，带他去看戏，结果到了城里，发现演戏的放假了，只得给他买了副近视镜。这也从侧面说明其父还是十分在意他的学习。包天笑说父亲"深恨自己从小失学，希望我成一读书种子"，所言非虚。

从刘家浜到桃花坞，包天笑的教育未曾中断。在桃花坞，包天笑读报成习。1883 年中法战争爆发后，他就缠着父亲讲解《申报》上的战争新闻。除了看《申报》外，他也看《新闻报》。在舅祖吴清卿指导下，每天把论说加以圈点。读报的功课使他学到了新闻写作的基本技巧：简洁、耸人听闻、迎合读者兴趣，为他的文艺创作奠定了基础。

搬到文衙弄后，包天笑还常去桃花坞母舅家串门，向两位"学有所成"的表叔学习四书五经，其中有个研究医道的"砚农表叔"非常喜欢包天笑，常常"偷忙功夫"，跑到书房教他起讲（八股文的开首一段），"一定要说一个透彻"，不知觉间延续了早先住于桃花坞时诗传礼教的优良传统。

桃花坞是包天笑家境走向下坡的中站。如果说来桃花坞之前和在桃花坞的一段日子里，包天笑还是有机会吃到各种各样的苏式菜点的话，到了 1893 年父亲去世后，包天笑就只有炖酱做菜度日，如有种常喝的"青龙白虎汤"，就是"把青菜、荠菜放在一起烧"，让多年后的包天笑仍难忘怀。当然，此时包天笑已届成年，他的目光望向了外面广阔精彩的世界，已不会为窘迫的生活担忧与焦虑。毕竟出生于商人世家，虽然他的生活不再像住在刘家浜、桃花坞、文衙弄那会儿那样富裕与悠闲，但一方面家里尚有根底，而且耳濡目染经商文化的他已开始热衷于赚钱讨生活。

桃花坞无形中接驳了包天笑与大上海、大天地的联系，成为他走向广阔天地的一湾温柔港汊。离桃花坞不过一公里之处，斜横着一条仓桥浜，三面环河，南起舱门内下塘街，北至板桥。长大后的包天笑，就在这里坐船去上海。这时的上海，已成"东方巴黎"，与纽约、伦敦、巴黎并称世界四大城市。

1906 年，包天笑定居上海，写了很多小说，他的《三千里寻亲记》《铁世界》就获上海文明书局稿酬一百元。他在很多报社都做了兼职编辑，也能带来一笔收入。在报馆里当一个编辑，每月多则三四百元，至少也要拿五六十元的薪俸。后来他又成为第一个从事专业编剧的苏州文人，在 1926 年末至 1927 年间明星张石川导演的 7 部影片中，就有包天笑的 4 部。他的编剧报酬不低，与当时两元一千字的小说相比，价值已经高得很。随着剧本不断被重视，编剧行当的报酬更是水涨船高，后来电影编剧身价高贵，编一部剧本，有价至数千元的。从中也可看出，包天笑的确很看重钱，可能源于从桃花坞搬出后家道中落给他留下的心理阴影。不过中国现代文学领域倒是迎来了一个才华横溢、极具商业眼光的善于跨界运营的文艺青年，将通俗文学和通俗文化接连成一道异彩纷呈的都市文化景观。

和包天笑前后脚踏入上海滩的一帮苏州文人，后来都成了叱咤上海文化界的名人。最早入沪的是徐卓呆（1902年左右），接下来有包天笑（1906年）、徐枕亚（1912年），再晚些有周瘦鹃（1913年）、陆澹安（1919年前）。20世纪20年代初入沪的有江红蕉、徐碧波，中后期来的有郑逸梅（1927年）。还有人直到20世纪30年代中后期才入沪，如范烟桥（1936年）、程小青（1938年）。其中，包天笑是这群人的无冕领袖，就连周瘦鹃也要退居其后。他一手提携了很多朋友走上文坛，成为上海横跨电影、小说、出版界的文化大腕。从刘家浜到桃花坞，再从文衙弄到曹家巷，童年的包天笑始终围绕着这块"天下最是一二等富贵风流之地"和文化昌盛之区，开始了最早的知识启蒙，懂得了基本的道德操守，体会了和睦的亲朋情谊，接通了文艺创作的市井文化渊源。今日桃花坞不复当年模样，桃花坞小巷已拓宽成了东起报恩寺、西至阊门横街、与东西北街接壤的桃花坞大街。这里，已不闻书声琅琅，看不到一株桃花，没有了张嵲《桃花坞》中"三吴皆白水，处处只横舟"的风采，却依然有着安逸泰然、清雅幽静的市井风貌。廖家巷弄堂幽深，西北街穿堂风习习。倘若凝神聚气，仿佛还能隐约品味出与其景观风貌、历史传统与居家文化息息相关的中国现代文学大家——包天笑的文化气韵来。

第二节　光影徐来映碧波

图 29　徐碧波（右一）与友人

徐碧波（1898—1992）（图 29），字芝房，号归燕，别署五常、红雨、直谅、道安等，苏州人。16 岁在上海《新闻报》《申报》《时报》上发表文章，1923 年在苏州编辑《波光》旬刊。和当时不少入沪的苏州文人在上海从事文学创作类工作不同，徐碧波进入了当时有名的电影公司，从事着编剧、字幕制作等工作。后来，他在苏州公园开办了苏州第一家电影院——公园电影院，以电影"圈内人"身份开启了他和苏州公园的缘分。

据《苏州市志》载：苏州公园是苏州第一座现代公园，俗称大公园。1920 年，江阴旅沪巨商奚萼铭慨捐 5 万银元开始筹建。公园电影院就建于苏州公园内。温尚南《苏州影剧史话》中说公园电影院旧址在东斋对面。"东斋"即"东斋茶室"，乃公园电影院初建时由上海公董局法国园艺家若索姆规划设计。《苏州市志》则称旧址在西亭北侧。根据"东斋""西亭"两个地点的相交，似可推断公园电影院旧址地近今苏州公园内的游乐场。此处正对苏州公园中一方碧池，暗合了公园电影院创办人徐碧波之名。

徐碧波早年生活贫困，8 岁时父亲去世，他与弟、妹靠母亲针线所得艰难度日。他 9 岁进私塾启蒙，10 岁考进光福西崦小学（现光福中心小学）。13 岁那年，徐碧波以总分第一从西崦小学毕业。小学毕业后，徐碧波就去上海打工。家乡的贫穷磨炼了他生存的意志，上海的繁华扩大了他人生的眼界。不过,此时徐碧波只在上海打工,家仍安在苏州光福。可能由于徐碧波的收入贴补了家用,家境稍脱窘迫,一家人几年后从光福搬进古城,过上了"城里厢"生活。这一年徐碧波20岁。

4年后,24岁的徐碧波还是决定迁沪,自此定居上海,正式开始从事电影工作。托朋友推荐,他进入友联影片公司,担任影片编辑和《友联特刊》编辑。这家旧中国著名的电影公司初设在霞飞路,后来迁至宝山路,摄影场设在江湾路东体育会路。在这家公司里,徐碧波不仅编创了很多优秀的剧本,更直接参与各种电影工作。不久,徐碧波就参与拍摄了一部反映帝国主义暴行现场的纪录片《五卅沪潮》。他担任该片的编辑与字幕制作。

无声电影时期,观众依靠画面和字幕方能看懂电影,字幕具有表现电影主旨、渲染情绪的作用。《五卅沪潮》的字幕就十分出色,其中有个镜头,即医生从受伤者身上钳出子弹置在手掌上显示时,他添以尖锐讽刺的反语字幕,即"呜呼! 这是帝国主义的恩赐!",淋漓尽致地表达强烈的愤怒之情。 难怪陈志超在《〈五卅沪潮〉拍摄记》中说,他编写的字幕"声声泪、字字血"。这部《五卅沪潮》的影响还是很大的。1925年6月27日,《五卅沪潮》在南市共和影戏院上映。连同7月7日映出共6场的票房收入,悉数救济罢工工人,被时下研究者赞为"中国早期纪录片发展的重要成果"。《五卅沪潮》显现了徐碧波和苏州公园的又一缘分。因为在苏州公园西不到100米就是为纪念"五卅惨案"而命名的"五卅路",和《五卅沪潮》关联呼应。

徐碧波人在上海,但和苏州的文友过从甚密。毕竟,他进友联公司也是托苏州文友所荐的。平日里,他常关心苏州人事,表达了对苏州的思念之情。据李嘉球说,多年后徐碧波还对自己出生的光福镇"情有独钟"。这样来看,徐碧波对苏州公园也是有感情的,不然怎会选择苏州公园作为拉开自己电影事业新篇章的起点。

苏州公园离徐碧波在苏州的最后住址不远,应是他定期休闲之所。1918年,20岁的徐碧波搬家到了城里。据李嘉球说,徐碧波搬到道堂巷小市桥,后又搬到慕家花园。笔者没有查到"道堂巷",推知可能为"庙堂巷"。郑逸梅在《徐碧波追慕银箫遗韵》一文中说他"家居吴中慕家花园"。民国初,该园向公众开放,其中风景甚好,据郑逸梅《遂园啸傲记》

称：廊腰回折，到映红轩，轩临水，池中菡萏，犹有残花，且横卧石梁。梁之西，花色纯白；梁之东，则殷红似日之初升，眸然舒彩，而雏鹅两三，浮游于田田翠盖间，不啻交颈比翼之鸳鸯也。又历诸水榭，而至容闲堂，堂上有献柳敬亭技者，妙语如环，弦曲曼妙，余亦稍觉疲乏，乃憩坐以聆之，令人神为之怡。郑所说的"遂园"就是慕家花园。此座知名园子今已成为苏州儿童医院的庭园，离苏州公园不到3公里。居于此的徐碧波不会不前往苏州公园消闲，所以他对苏州公园周边的文化商业环境也不会陌生。

当时苏州城内没有一家正规的电影院，据范烟桥的《电影在苏州》云：电影在苏州，虽然已有好久的历史，可是固定一个场所，排日开映，却是三四年内的成功。以前只能在大户人家喜庆的厅事里，瞧到几张陈腐而破碎的外国影片。

久居上海深谙电影巨大潜力的徐碧波看中的就是这个"市场空白点"。当然，还有一个原因，就是徐碧波所在的友联影片公司面临严峻的市场竞争。此时上海的电影市场上，外片横行无阻，国产片受到极大冲击，专门放映国产片的友联影片公司的营业效果很不理想，公司常常徘徊在破产边缘，范雪朋在《我的银幕生活的回忆》中说："《娼门之子》拍了六个月，却差点把公司搞垮了，陈铿然的父亲也认为拍电影赚不了钱……到拍《儿女英雄》时，情况更糟。"友联影片公司需要在上海以外的地区拓展市场，十分了解苏州的公司业务骨干徐碧波肯定会向公司负责人推荐苏州。

事实上，从地理便利、经济条件、文化环境来看，苏州的确是友联影片公司的首选放映市场。当时苏州虽无电影院，但在上海电影界的名气还是响当当的，它是很多电影的主要拍摄外景地。更重要的是，很多像徐碧波一样的才华横溢的苏州人前往上海，成了承托中国电影半壁江山的"苏州军团"，使上海电影圈对苏州不得不"高看一眼"。徐碧波选择苏州也非一时兴起，他曾对苏州及吴地一带的电影放映做过调查研究，如他对常熟、常州调研后就称"观影程度之幼稚，乃竟相等"（徐碧波：《电影在常州》）。他主张发展国产电影，而积极拓展市场，把优秀的国产影片输向苏州、常州、常熟等市场是他的目标。把苏州作为友联公司电影放映的主要市场，是徐碧波认为的公司抵抗外片的必然选择。苏州公园

（图30）就进入了徐碧波的视线。这时的苏州公园还较为破败，人流量也不大。不过，徐碧波打听到了一个消息：政府马上要重新整修苏州公园。整修工作由苏州书法家蒋吟秋先生的嫡堂兄、时任公益局长的蒋靖涛主持，著

图30 苏州公园旧景

名书画家颜文梁负责设计了园内的喷水池，可见政府对这次整修工作的重视。不久，精心整修后的苏州公园要重开了，机不可失，失不再来，眼光敏锐的徐碧波和合伙人程小青、叶天魂一商量，把公园电影院的开张日期定在苏州公园整修开放的前一日，目的是利用苏州公园开放日的名气和人流。徐碧波的策划成功了！1927年7月31日，公园电影院隆重开张。第二天，也就是8月1日，苏州公园重新开放，政府举行了隆重的仪式，引来了如潮的人群和密集的媒体报道。公园电影院趁机一炮而红，俾众皆知。苏州公园也成了徐碧波在上海之外的主要工作地点。

公园电影院的硬件环境很不错，据温尚南的《苏州影剧史话》载：该影院设备齐全，招待周到，装置电扇，用祛炎暑，特购德国最新机器，光线充足，机新片佳，座位宽敞舒适，空气流通凉爽。院内有座位五百。影院还公开招聘略通文理、口齿清晰的女职员数位，并承包院内一应茶点。与之前拥挤、简陋、嘈杂的茶馆、会场、杂院等环境相比，这座影院简直就像"天堂"一样，让观众着实体验到了"现代化"的娱乐生活。在上海电影圈中摸爬滚打多年的徐碧波熟谙电影事业运作的经验。他把"上海经验"用到了公园电影院的运营中。影院隔约三天放映一次影片，一般在下午开放，两次放映，分为三点和五点半左右开始。到了30年代，这个时间有所微调，有时会改为二点和四点半。价目为小洋三角，童仆减半，比上海便宜多了，这个价格到了20世纪30年代也没有变，可见徐碧波的定价策略照顾到了苏州人的消费水平。

徐碧波利用自己在上海电影圈的关系负责为公园电影院提供片源，由于片源与上海接轨，公园电影院营业大盛。复旦公司摄制的《红楼梦》在上海放映不久，公园电影院马上就获得了放映权，郑逸梅在《观〈红楼梦〉试片记》中称：闻吾苏州公园电影院开幕，拟将是片映诸银幕，以饱吾苏人士之眼福云。徐碧波不但尽力往苏州输入最新的国产片，而且还把苏州作为上海影片放映的首家沪外公映地，"上海的新影片，公演以后，总是先到苏州来开映"（范烟桥：《电影在苏州》）。这样，苏州反而走在了"电影时尚"的前沿，让市民们倍有面子，如友联影片公司出品的《双剑侠》就在苏州首映，而且连映三日，效果很好，徐碧波在《双剑侠剧情之一斑》称："日售满座，掌声当充塞于院中也"。

公园电影院开张不久后有过一次短暂的歇业。彼时中国政局动荡，国民党军队纪律不严，不少兵士不买票入场，影响了票房。当时上海到苏州的火车也常常停运，影片运不过来，因此开张一个月后就停映了。不过停映后不久，公园电影院又重新开张，直到20世纪30年代初还在经营。那么，公园电影院什么时候正式关闭的呢？1946年发表的《苏州的电影事业今昔观》一文中称："苏州陷落之前，城内外电影院计有大光明、苏州、青年会、真光、南京等五家"，没有提到公园电影院，说明在1937年前较长时间内公园电影院就关闭了。李嘉球认为是"1932年"，公园电影院便将全部财产售给陶某，后电影院被全部拆掉。温尚南则认为公园电影院是在1933年停业的。

公园电影院开办之后，苏州新起了很多电影院，如青年会电影部（观前北角）、真光大戏院（阊门外石路口）、南京影戏院（横马路）、大光明大戏院、苏州大戏院等，竞争之下，苏州公园电影院的市场肯定倍受影响。另一常被忽视的原因是，徐碧波所在的友联影片公司在1932年停业了。"一·二八"事变后，设在虹口、闸北和江湾地区的电影公司皆毁于炮火，其他地区的中小电影公司也被迫停业，友联影片公司也在其中。这说明友联影片公司与公园电影院存在一荣俱荣、一损俱损的关系，更可见徐碧波在其中的关键作用。

在徐碧波的改造下，苏州公园成了中国电影史上的重要地点。徐碧波一贯支持重视发展国产影片，认为要实现竞争的有利局面，一方面必须联合各影戏公司，不能再拍摄粗制滥造的影片，要以质量为基础，另一方面要联合抵制放映外国影片。徐碧波在《希望》一文中指出："惟有联合了电影界，群策群力底认真拍摄有精彩的影片，以挽回观客的眼光……请求华人自设的戏院，不映外片……希望电影界同志合作努力进取。希望粗制滥造的害群之马及早省悟。希望国制影片的前途大放光明。"在自己创办的公园电影院大力放映国产片，就成了徐碧波自觉的文化选择。当时公园电影院放映国产片主要有《梅花落》（明星公司）、《失恋》（明星公司）、《归来》（联华公司）、《普天同庆》（联华公司）、《城市之夜》（联华公司）、《凤》（联华公司）、《荒江女侠》（友联公司）、《新婚的前夜》（艺华公司），为面临国外影片竞争的中国电影提供了稳定的"后方"。当时的《大江南》报撰文称，1937年前苏州的电影事业在沪宁线沿线城市居于领导地位：苏州的电影事业，颇为蓬勃，可以说除了京沪地以外，在沪宁线各地，苏州向居领导之地位……无论国产片外片，凡在沪上头轮戏院开映之后即先到苏而后再转至各地放映。公园电影院是当时苏州电影事业的启幕之地，其所在地苏州公园当然也间接推动了中国电影的发展。

苏州公园在徐碧波的推动下得到了精神文化意义上的现代化改造。苏州公园1925年初建时仅初具规模，园中只峙立一幢建筑宏伟的图书馆，东侧为东斋茶室，其余都是荒地和孤冢。公园电影院开张后，苏州市民真正享受到了"上海化"的摩登生活，携伴呼朋流连于光影之中，好不惬意。观影后的市民也不急着离开苏州公园，而是随处逛逛，轧轧闹猛，因此苏州公园成了时尚青年、"摩登女郎"云集之处，在这里，"摩登女郎们"吃"冰激淋""弹子水"，打扮开放，头发烫得像卷毛狮子头，眉毛画得长如长坂坡里的赵子龙，眼睛水汪汪地含着红光，嘴唇涂得血红一点，粉掌玉拳，走路时挥得多高，乍乍的腰肢。新片上映时，懂得造势的徐碧波常会邀请当红明星前来助阵，如放映大中华公司的《同居之爱》，徐碧波就特邀主演韩云珍到苏州剪彩，她开香槟酒和主人酬酢后，向观众散发糖果，一时掌声不断。这时的苏州公园一改以往灰头土脸的神态，以时尚、靓丽、青春的形象吸引了远近周遭的人群，俨然古城内一处新兴的文化景观。公园电影院开办后，苏州公园及其周边地区逐渐繁华起来。靠近苏州公园的信孚里开办了信孚银行，成了小有名气的金融区。现在同益里、同德里、信孚里一带集中了苏州最主要的海式里弄石库门住宅群。从罗马式拱券门、清水砖墙的气度上仍然可窥这一带的市民经济之发达。

抵沪的苏州文人多致力于参与改造上海的文化景观，而徐碧波不同，他把目光回投苏州，把上海摩登带到小城苏州。他带回的这种"现代性"与摩天大楼、银行大厦、工厂马路等"硬性现代性"不同，是依托影院、报刊、游乐场等文化设施建立起来"软性现代性"。这种"软性现代性"极大地丰富了市民的精神文化需求。他们在徐碧波开办的公园电影院里学习时尚，品读传奇，领略风光，获知讯息，社会交往，在精神文化意义上成为"现代人"。对苏州而言，这种精神文化现代化的涟漪核心就在苏州公园，如碧波荡漾，至今仍让其间品茗、聚会、畅谈的老苏州们怀想不已。

第三节　栽李培桃曾着力

大学是城市的产物，也是城市的地标。这个传统自欧洲诞生。欧洲老牌大学如牛津、剑桥者，重文法，强学术，莫不传承着城市文明和历史。时至今日，我国大学与城市进入共生发展之新时期，大学因城市而存，城市因大学而荣。"城市大学运动"在中国如火如荼地开展。湖南师范大学校长蒋洪新曾说，在中国，一个城市一旦拥有了一所优秀的大学，也就拥有了其标志性的地标。对苏州来说，情况更是如此。新中国成立前的东吴大学不但是景观标记，而且是文化标记，堪称苏州现代文化之魂的依托。它为一代新人提供了"法古今完人，养天地正气"的风骨化育与智识培养的场所，也成为一批才华横溢、气节高耸的知识分子传道受业解惑的讲习场所，中华民族的优良品性就以书声琅琅、傲骨铮铮的方式嵌入下一代的血脉肌理中，成为浇筑苏州城市魂魄的坚实地基。知识分子和大学之间的不绝如缕的关联由是彰显。程小青，近现代小说家、翻译家。1915年搬入苏州，开启了他与东吴大学的一世情缘。他与东吴大学的关系足以佐证原清华大学校长梅贻琦提出的"所谓大研究者，非谓有大楼之谓也，有大师之谓也"的著名论断，增添了东吴大学本已浓郁的文化底色。

东吴大学（图31），位于苏州葑门内天赐庄，乃我国最早的现代高等

图31　民国时期的东吴大学

学府之一。由基督教监理会于 1900 年创办。林乐知（Young J. Allen）先生（万国公报创办人）为第一任董事长、孙乐文先生（David L. Anderson）为第一任校长。今日，游客们可沿十梓街一路东行，沿途的民国建筑玲珑浮凸，法式梧桐叶疏枝虬，走过小西门，进去就可看见上书"养天之正气 法古今之完人"的门坊，是为历史上的东吴大学堂所在。东吴大学在当时中国高等教育界具有举足轻重之位，培养了一大批文理兼通的报国之士，也延聘了一批智深识高的知识分子传道授礼，这些先生中就有当时被称为"鸳鸯蝴蝶派"的苏州通俗小说家。

鸳鸯蝴蝶派是中国近现代以描摹中国近现代初兴的市民社会为主要对象的重要通俗小说流派，他们多是接受传统文化教育而活动于开埠以后的上海的苏州人，如包天笑、周瘦鹃、徐枕亚、范烟桥、郑逸梅、程小青、徐卓呆等人。其中成员之一程小青就与东吴大学有着水乳交融之密切关系。不少文学史家、城市史家在研究时可能更多地关注单一文本，而较少注意到尤尔根·哈贝马斯（Jürgen Habermas）说的"交往间性"，也就是文本和文本之间的关系。如果我们用德国当代最重要的哲学家哈贝马斯的"交往间性"的视角来看大学与小说家的关系时，就会发现，在很多时候，大学往往是站在小说家的后面的。当一位声誉卓著的小说家笔下生辉描绘万千众像时，大学就藏身在他的生活背景中，默默向其输送文化涵养。但大学也绝不因此而吃亏。小说家依托大学开展的文艺创作、生活交往、爱恨悲欢也在向大学注入一种绵长醇厚的文化之魂，塑造出大学的独特文化价值。对程小青和东吴大学这两个"文本"间的关系的审视，为我们开辟了解读城市文化的新视角。

东吴大学是 1905 年开始招收学生的，具体课程设置在各阶段不尽相同，既有公共必修课，如国文、英文、体育、宗教（圣经），也有党义、军训等课程。初始阶段，大学成立了文理、医学和神学三科。其中文学史课程为文科授课重点，这就和小说有关，足见程小青和东吴大学的关系并非偶然，而是缘于文科在东吴大学的历史性地位。程小青并未直接在文科授课，据说后来他在政治系任教过，是否教小说课程也不得而知。不过，在文科教书的著名的几位都与程小青交情匪浅。其中之一为小说家范烟桥。范烟桥与程小青是铁哥们，1922 年 8 月 27 日范烟桥创立的文学团体"星社"就邀了程小青参加，程小青不但欣然应允，还提笔作文，在"星社"

出版的《星光》上发表了小说《一出戏》，俨然星社常客也。范烟桥在东吴大学教授文学史，据1948年4月出版的《老少年》复刊号第二期《文理学院近况》称：中国文学系共开课程八种，计三十三学分，由凌景埏、蒋吟秋、范烟桥、金立初、曹之竞诸先生任教。程小青还有一位擅长谱曲作诗的好友戴逸青，也在东吴大学教书。此外还有身为书法家、金石学家、图书馆学家的蒋吟秋，他在东吴大学教文学，与程小青交好。1962年6月，70岁的程小青还与范烟桥、蒋吟秋欢宴于苏州松鹤楼餐馆，三人关系之亲密可见一斑。还有一名教员凌景埏，燕京大学词曲方向硕士，1930年返东吴大学任教，讲授"中国古代诗词"等课程。凌景埏曾在范烟桥编的《珊瑚》杂志上发表作品，参加过星社活动，也应与程小青相识。这些文科教员们莫不与程小青有着密切的文学交往。这样来看，程小青也算编外的大学文科教员了。他们闲来相聚，思想无疑会碰撞融汇，笔墨无疑会情谊交通，不少观点肯定会通过东吴大学的文科课堂播撒给莘莘学子，这就建起了东吴大学与中国通俗文学的文化交通渠道，这种气势怕是现在很多大学都难以望其项背的吧。

程小青是如何与东吴大学发生关系的呢？这是一个迂回的过程。1915年春天，程小青携母、妻、妹等举家迁往苏州，在严衙前租房安置下来。这时他的工作就是教一名美籍教员许安之（Sherejz）吴语，他为了这份工作能够来苏定居，说明报酬还是不低的，而且工作比较固定。这位教员在东吴大学附中教英语。好学的程小青没有浪费这个学习的机会，他与许安之订立了互教互学的约定，程向许学英语，许向程学吴语。不过这时，他并没有进入东吴大学附中教书，而是被聘入景海女子师范学校。景海女子师范学校位于东吴大学校内，今已是苏州市文物保护单位（现名"红楼"），旧址于今依然。史志载：光绪二十八年（1902），美国基督教监理公会传教士海淑德（女），在天赐庄创办景海女塾，是年11月4日正式开学。分高、初等二部，除国文科外，其余科目全用英文教材和美国式教学方法。这一年，程小青从严衙前搬到了葑门百步街。百步街紧靠东吴大学小西门。

东吴大学的银杏黄了又绿，几度寒暑。在许安之的帮助下，加之自身的刻苦努力，程小青英文水平大涨。他也正式开始翻译英国小说，其中以侦探小说居多，如《福尔摩斯探案全集》《斐洛凡士探案全集》《圣徒奇案》等，引起很大反响。他自己还创作了很多侦探小说，郑逸梅评价他的侦探小说"思想之缜密，蔑以复加"。程小青还与严独鹤、陆澹安等创办了中国唯一的侦探小说专刊《侦探世界》（1923—1924）共出36期。东吴大学教员中，倒有一位程小青的同好，名叫嵇健鹤，曾编著过《中国文学史》《东亚文化史》《中国哲学史》等，范烟桥在《茶烟歇》道："《中国文学史》积稿盈尺……一九一三年黄卒，无锡嵇健鹤继之。"早在1903年，嵇健鹤就与妻弟吴荣鬯（震修）合译英柯南·道尔侦探小说《四签名》，此书是福尔摩斯长篇侦探小说首次中译，嵇健鹤和吴荣鬯还各自为之序。1907年，嵇健鹤还与老友俞箴墀（字丹石，教育家、翻译家、近代外交家）合译美国乌尔斯路司的《镜中人》。程小青与嵇健鹤同在东吴大学的校园内执教，又同为侦探小说的拥趸，真乃人生乐事也。东吴大学文风之盛、教员与小说家联系之密亦可窥一斑。

1923年，因创作日丰，名声日进，30岁的程小青被破格聘为东吴大学附中语文教员，讲授写作课。程小青每天都要穿过东吴大学林荫葱郁的校园，再走进地板吱吱作响的教学楼，开始他一天的工作。这一时期正是程小青写作《霍桑探案》系列的黄金时代。

程小青1914年应上海《新闻报》副刊《快活林》征文，作侦探小说《灯光人影》，竟被刊用。但编者将其主人公"霍森"误为"霍桑"，自此程小青与侦探小说结下不解之缘，并将错就错，把"霍桑"作为后来所有侦探小说的永久主人公，是为著名的《霍桑探案》的由来。《霍桑探案》为系列侦探小说，共计近百篇，长达三百余万言，是迄今为止中国规模大、影响广的侦探小说。程小青一朝成名天下知，他塑造的"霍桑"形象也被誉为"中国的福尔摩斯"。《霍桑探案》的创作发表时间与程小青在东吴大学附中教书的时间是重叠的。这说明授课没有占用程小青太多业余时间，反而给他创造了充裕的时间和合适的条件，使他得以骋奇诡之思于风云瑰丽的小说世界中。

细看《霍桑探案》系列，我们发现很多处都与苏州有关，如《血匕首》里写道："霍桑自从破获了江南燕案以后，又结交了一个朋友，就是苏州警署中的侦探钟德——也就是江南燕案法律上的负责侦查人……这年夏天，我们还住在苏州"等词句，说明作家逃不脱写作的环境的影响。苏州，当然可能也包括东吴大学的影子这些都影响了《霍桑探案》的创作。

应了那句文艺创作来源于现实又超越现实的文论之言,程小青笔下的《霍桑探案》惊险离奇,但他在景海女子师范教书的这段时光却是云卷云舒,闲适得紧。宁静的东吴大学成了天马行空的"霍桑"的诞生地。程小青小说写得好,在学生那也有了名气。有一次,一帮调皮的女生把程小青喜戴的"养目镜"吊在了黑板上,让程小青"破案"找眼镜,来考验他的侦探能力。女生们之所以这么做,怕也是折服于程小青书中的说道,希望他真的能展示一些独门秘技吧。她们肯定看过小说里霍桑头头是道地分析案情,如《舞后的归宿》中写道:

> 霍桑吐了一口烟,慢吞吞说:"这又是复杂问题的一环。"倪金寿似不了解:"这话什么意思?"霍桑道:"本来是有的,你瞧,伊的左腕上不是有一条痕子吗?不过不象是手表,也许是手镯。还有伊的左手的无名指上和耳朵上,都有戴过指环、耳环的痕迹。伊身上虽没有挣扎的伤痕,但右耳朵孔上的血印,却明明是取耳环时所留下的。"

霍桑都如此能思善变,难道霍桑的缔造者会差吗? 女生的玩笑里半是恶搞,半是崇敬。怎奈程小青纸上谈兵,猜不到眼镜的下落,一代"名探"敌不过捣鬼的学生。这个故事并未让我们对程小青的本事有所怀疑,因为连一代通俗文学研究名家范伯群教授都称程小青创作态度严谨,说明他笔下的霍桑探案可不是胡编乱写的。但能创作出名侦探和自己是名侦探根本是两回事。 当女生戳破了程小青滔滔不绝的案情分析后,程小青反而不恼不怒,不端小说家的架子,哈哈一笑了之,反而令多少年后的我们仿佛还能感受到那个时代清风徐来的士子气度(图32)。

随着薪水渐丰,程小青手有余钱,终在天赐庄附近的寿星桥畔购地营造房屋十多间,堂前广栽花木,后园种植菜蔬,自题"茧庐",为何称茧庐? 可能有自谦之意,将笔耕生活喻之为春蚕吐丝,时时不辍,似乎也含破茧而

图32　周瘦鹃与程小青(右一)

出、振翅高飞之雄心，这并非臆测。程小青1962年就写了一篇《七十述怀》：壮年志气未偷安，欲跨大鹏万里搏。世乱有心驱猛虎，陆沉无计挽狂澜。诗词里的雄阔气度足可证明程小青绝非躲进小楼、一晌贪欢之流。茧庐位于今望星桥北堍弄23号，门前小巷悠长，正对望星桥，离东吴大学西校门不足500米。此后程小青一直居于茧庐。中途程小青把茧庐翻新了一次，此际日寇入侵的硝烟弥散，为表爱国之志，他坚决主张使用国产木料和中式黑瓦，尽其所能体现出民族气节。这种气节在其他鸳鸯蝴蝶派中也有体现。程小青的好友范烟桥、周瘦鹃皆是如此，在民族大义上不低昂扬之头，不堕锤寇之志，不领嗟来之食，不鸣无奈悲歌，真应了那句老话"人以群分"。不久，战地炮火彻底击碎小城宁静。东吴大学及其附中尽皆关闭。程小青经东吴大学数学教授沈青来（浙籍）介绍，与周瘦鹃等一起，携眷随东吴附中教职员工几十人搬至浙江吴兴南浔镇避乱，后又迁至安徽省黟县南屏村，自此明月天涯，家乡远望。程小青曾做一首《樵苏》诗来形容异地艰苦的生活条件：滞迹山村壮志无，米盐琐屑苦如荼。添薪为惜闲钱买，自执镰刀学采苏。不过，他对东吴大学附中尤心牵神往，经他倡议，他与同事孙蕴璞等东吴同学一起创办了黟县的第一所中学，借碧阳书院原址开设"东吴附中皖校"。抗战结束后，东吴大学和附中恢复，程小青同东吴附中一起返回苏州继续任教，仍居望星桥北堍茧庐。程小青坐在茧庐，回想八千里路云和月，三千功名尘与土，东吴大学附中与他始终相守相依，茧庐仍于梦中门扉浅开，等待一肩茫茫风尘、满心家国情仇的游子回归故里。

  茧庐自此成了程小青终老之所。茧庐也成程小青之名片。1982年程小青九十周年诞辰之际，其在美国纽约的女儿程育真女士才根据兄嫂寄来的抄录稿，将之整理成《茧庐诗词遗稿》，收录诗词作品近60首，均写于20世纪六七十年代，为程小青晚年所作，由联合印刷公司承印，体现了茧庐在程小青生命中的地位。程小青定居茧庐的日子，就是在东吴大学景海女子师范和附中教学的日子。他每天必做的事情就是推门出去，再走进教室。据说德国海德堡内卡河北岸圣山（Heiligenberg）南坡的半山腰上，有一条长约2公里的散步小径，相传黑格尔、谢林、歌德、荷尔德林等大师们常与朋友、同事在此散步，一起讨论学术问题，因此这条小路被称为"哲学家小道"（Philosophenweg）。日本一位哲学家西田几多郎效仿海德堡的哲学小道,也开辟了一条位于京东、从若王子神社途经法然院、止于银阁寺的小路,长约 1.8 公里,这条路被称为日本的哲学家小道,进入了日本百条名路之列。这样来看,程小青这位现代侦探小说的大师,从茧庐出来,信步走至十梓街,进了东吴大学西门,蹚过银杏铺地的校内小径,抵达景海女师,这条长约 500 米的路既是他的教书之路,也是他的文学之路,更是他的生活之路,又何尝不是一条苏州的文学家之路? 这条发自茧庐终于东吴大学的小路上,程小青的一来一回、一咏一叹、一念一思无形中勾勒出了一代文人的生存范式,也塑形出苏州城最美的文化地标。

在景海女子师范工作后不久,有一天,24 岁的程小青漫步在十梓街上,路过了一座比东吴大学晚了不多少时间建的天主堂。里面祝祷声声袅袅,吸引了他驻足倾听,内心为之一荡。不久,他就加入了基督教监理会。入教的地点在东吴附中,介绍人估计是他比较熟悉的附中的教员们,或者是许安之也未可知。从此,他每周日都会踱进这所藏在十梓街深处的教堂里,与心中的上帝交谈。东西文化融合的视野成为程小青的文艺创作的独特魅力,他的作品浸淫传统文化之中,站在西方文化视野里,书写传统的市民传奇与介绍异域风情的国外小说,中西合璧,俯仰天地,不偏激,不极端,善创新,懂世情,烙印出属于那个时代的风华绝代的文化之痕。和他同时代的很多小说家也是基督徒,他们的文学作品受到了基督教的影响,乃至成为一种创作风格,已是后话。

程小青的女儿程育真也是虔诚的基督徒。程育真与东吴大学也关系匪浅。在当时读小说、写小说蔚然成风的苏州,不但男作家多如繁星,而且女作家频频放光,如苏雪林、杨绛、施济美,甚至形成了"东吴系女作家"群体。在女性地位普遍偏低的背景下,女性小说家群体的出现是苏州文化气氛活跃的最好证明。这种活跃文化里的一个活跃因子就是住在茧庐里的程小青的女儿——程育真。程育真眉眼像极了父亲,写一手好文,颇得乃父真传。她曾以"白雪公主"笔名,在《侦探世界》上发表过小说《我是纳粹间谍》。18 岁的程育真为父母祝寿,还特地在《小说月报》上发表文章《父亲》。20 岁那年,程育真进入东吴大学经济系读书,并且加入基督教,其中当有程小青的言传引导。父女俩在基督堂虔诚地礼拜,教徒们放声高歌,而离基督堂不远的东吴大学的钟楼也钟声当当,这两种声音都是程育真生命里的主旋律。曹晓华对程育真作品的评价是:"充满着独特的梦幻气息和浓郁的基督教色彩。围绕着梦的编织和破碎,这个走出象牙塔的寻梦人……虽然有时脱离实际,过于理想,但是她清新的文笔还是给文坛抹上了一道亮色。"[1]此足以说明之。程育真1944年大学毕业后,被母校聘请到当时东吴附中执教中文,四年后才赴美哥伦比亚大学攻读英国文学,同年在美结婚。程小青还有一子育德,也进入了东吴大学化学系学习,而且受父亲影响,写过侦探小说,如早年曾在《侦探世界》上发表翻译小说《白色康乃馨》等。程小青全家和东吴大学的血脉如同小桥流水般缠绕不绝。

  自1915年始,长长短短算下来,程小青已在东吴大学待了数十年。在景海女子师范和东吴大学附中教书期间,他创作了星辰璀璨般的作品,教书生涯与文学创作的黄金时代的重叠与串联,刻画出程小青独特的生命轨迹。其中,程小青对自己的教书生涯评价也不低,他说自己"栽李培桃曾着力,虚声惭愧列文坛",不忘将教书与他蜚声海内的侦探小说创作并列,显出他对在东吴大学教书的日子的珍视。东吴大学里的教书台是他安身立命的坚固基石;东吴大学的林荫道是他文学思考的宁静长廊;东吴大学里的旧雨新知、良朋文友是他创作灵感的不绝泉源。说东吴大学是程小青文学的后花园,应不为过。他大半辈子在这个花园里散步,或者从这个花园走向位于茧庐的家。某种意义上,他也将东吴大学当作了家园,当作了信仰,让自己整个家庭的成员,都和这所东吴大学发生了再难掰分的联系。当然,这也正是东吴大学的幸事,或者说苏州的幸事。伴随着如程小青一般的教员的涌入,这所大学因此流淌开激情洋溢的文学风情,建立起风标独特的文化品格。其中程小青的多才多艺的文学创作、不屈不挠的民族气节、静水流深的文人情怀也融入大学,融入城市,构成了苏州引以为豪的文化基因。

[1]曹晓华:《上帝之女　塔中玫瑰:论程育真的文学创作》,《宁波教育学院学报》2011年第6期。

附录 周瘦鹃等人的苏州生活居住地

一、周瘦鹃在苏州

(一) 介绍

周瘦鹃（1895—1968），原名周国贤，现代作家，历任中华书局、《申报》、《新闻报》编辑，并先后主编过期刊《礼拜六》《紫罗兰》《半月》《乐观》及《申报》副刊《自由谈》，为鸳鸯蝴蝶派代表作家。曾任第三、四届全国政协委员、江苏省人民代表、江苏省苏州市博物馆名誉副馆长、苏州市园林管理处副处长。家贫少孤，6岁丧父。靠母亲的辛苦操作，得以读完中学。中学时代即开始文学创作活动。此后，一边写作，一边以相当大的精力从事园艺工作，开辟了苏州有名的"周家花园"。周恩来、叶剑英、陈毅等党和国家领导人都曾多次前往参观，许多外国朋友也不断登门观赏。主要作品：抗日战争时期写的意在唤起同胞，奋起抗敌救国的短篇小说《亡国奴日记》《祖国之徽》《南京之围》《卖国奴日记》《亡国奴家里的燕子》等；新中国成立后写的散文集《行云集》《花花草草》《花前琐记》《花前续记》等。后者多以花草、山水、风俗、习尚成篇，也不乏对社会主义新事物、新建设和幸福生活的描写，其中许多篇集印前曾在香港《大公报》《文汇报》《新晚报》等报章上发表，对海外侨胞有一定影响。散文《我的心拴住在中南海》《初识人间浩荡春》等生动地记述了被毛泽东亲切接见和鼓励时的幸福情景。他还是中国较早的文学翻译家之一，1916年翻译、1917年集印的《欧美名家短篇小说丛刊》，介绍了包括高尔基《叛徒的母亲》在内的欧美20多个作家的作品，出版了《世界名家短篇小说集》。1968年逝世，终年73岁。

(二) 生活居住地

1. 紫兰小筑

一座占地4亩的私家花园，位于苏州甫桥西街王长河头3号，由盆景园与故居两部分组成，被称之为"紫兰小筑"。院中间一幢清水砖砌成的老式楼房，依然呈现着古朴、典雅的风貌，中间一间就是"爱莲堂"（后被隔成一间）。紫兰小筑曾遭厄运，园中盆景大部分被砸、被毁，古物多沦为碎片。之后，局部园地已被占用，著名的紫兰小筑主建筑还保存，古树名木十几株，周瘦鹃生前的盆景移至拙政园、留园、虎丘万景山庄盆景园。

2. 天镜阁

经过行春桥，沿着石湖，径直往里走，会看到水中央有个似小岛的建筑物，那便是"天镜阁"。天镜阁远远看来是一座保存得很完善的建筑物，阁中的人似与外界没有联系。与其正对着的是围绕着石湖的蜿蜒的木桥，木桥上每隔一段都有供行人休息的凉亭。1920 年前后，周瘦鹃的好友苏州名书家余冰臣，曾就范氏天镜阁旧址造别墅，恰与上方山遥遥相对。他的夫人余氏八十岁生日，周瘦鹃与范烟桥、范君博二兄等同去祝贺，并参观了他的别墅，凭栏小立，湖水荡漾于前，使人尘襟尽涤。

3. 行春桥（石湖）

行春桥接近上方山山麓，有环洞九个，倒影石湖水中，足供观赏。石湖，是太湖的支流，居上方山东麓，离苏州城西南十八里。相传春秋时，范蠡带了西施就是从这里泛舟入太湖的。石湖东面有越来溪，溪上有座越城桥，是当年越王勾践率兵攻吴从太湖挖通水道，屯兵士城而得名。所谓石湖串月，据说是十八夜月光初现的时候，映入行春桥桥洞中，其影如串。1953 年的中秋前后，老友俞子才、徐绍青、叶藜青三画师约同往观串月，周瘦鹃虽在苏州定居长达二十年，却也从未见过，便欣然追随前去。

4. 上方山

上方山位于著名的国家级太湖风景区石湖景区内，距苏州市中心 4 公里，是以吴越遗迹和江南水乡田园风光取胜的天然公园。每年特定季节都会举行百花节，花类繁多，颇为引人入胜。周瘦鹃常常前往上方山赏景。

5. 拙政园

拙政园位于古城苏州东北隅（东北街 178 号），是苏州现存最大的古典园林，占地 78 亩。拙政园始建于明正德初年（16 世纪初），距今已有 500 多年历史，是江南古典园林的代表作品。1961 年被国务院列为全国第一批重点文物保护单位，与同时公布的北京颐和园、承德避暑山庄、苏州留园一起被誉为中国四大名园。周瘦鹃曾多次去此地远香堂、十八曼陀罗馆观赏景色，莲花与紫藤为多，也曾去见山楼参加展览会与联欢会。

6. 石家饭店

石家饭店位于古镇木渎中市街 18 号，创业于乾隆五十五年（1790 年）。创始人石汉，原是夫妻老婆店，小本经营，至 20 世纪 20 年代，石汉的重孙石仁安经营时，石家饭店才初具规模，店堂与厨房隔街分设。

7. 虎丘

虎丘位于苏州古城西北角,已有 2500 多年的悠久历史,素有"吴中第一名胜""吴中第一山"的美誉,宋代大诗人苏东坡写下了"到苏州不游虎丘乃憾事也"的千古名言。虎丘山高仅 30 多米,却有江左丘壑之表的风范,其中最为著名的是云岩寺塔、剑池和千人石。周瘦鹃去过云岩寺塔,然后是致爽阁,这里陈设的一套明式家具非常精致。周瘦鹃曾在此啜茗座谈。

8. 香雪海

因康熙三十五年(1696 年)江苏巡抚宋荦赏梅后题"香雪海"三字镌于崖壁,从此香雪海名扬海内。周瘦鹃爱在此处赏梅。

9. 双塔

双塔的西塔与东塔比肩而立,塔高七级,通高 33.45 米,每层设有平座,从副阶入塔可登至七层。苏州双塔不仅在苏州是唯一的,即便在全国也绝无仅有,而双塔的塔刹之谜,更让其多了一份神秘色彩。双塔位于定慧寺巷的双塔院内,二塔"外貌"几乎完全一样。周瘦鹃住宅与双塔相邻。

10. 寒山寺

寒山寺位于苏州城西古运河畔枫桥古镇,始建于南朝萧梁天监年间(公元 502~519 年),初名"妙利普明塔院"。相传唐代高僧寒山自天台山国清寺来此住持,唐代贞观年间改名为寒山寺,成为吴中名刹。周瘦鹃参与过寒山寺重修设计。

11. 东山

东山景区包含雨花胜境、莳山寺、文德堂、紫金庵、三山岛、启园、轩辕宫、裕德堂等景点。周瘦鹃在此品茶。

12. 西山

西山又名洞庭西山,位于苏州古城西南 40 多公里的太湖之中,与周围 34 个小岛构成一幅巨型的山水盆景。南北宽 11 公里,东西长 15 公里,面积 82 平方公里,是我国淡水湖泊中最大的岛屿。周瘦鹃在此雨中赏过梅花,吃过杨梅。

13. 山塘

唐宝历二年(826 年),大诗人白居易从杭州调任苏州刺史,为了便利苏州水陆交通，开凿了一条西起虎丘东至阊门的山塘河，山塘河河北修建道路，称为"山塘街"，山塘河和山塘街长约七里，叫"七里山塘"。自古山塘街有"姑苏第一名街"之称。清乾隆二十七年（1762 年）游江南，到七里山塘曾御笔书写"山塘寻胜"。周瘦鹃曾到此游玩。

14. 狮子林

苏州四大名园之一，至今已有 650 多年的历史。位于苏州市市城东北园林路。因园内"林有竹万，竹下多怪石，状如狻猊（狮子）者"，又因天如禅师维则得法于浙江天目山狮子岩普应国师中峰，为纪念佛徒衣钵、师承关系，取佛经中狮子座之意，故名"狮子林"。周瘦鹃曾在此赏菊。

15. 玄妙观

位于苏州市中心的观前街，创建于西晋咸宁二年（276 年），玄妙观极盛时有殿宇 30 余座，是当时全国最大的道观。现有山门、主殿（三清殿）、副殿（弥罗宝阁）及 21 座配殿。周瘦鹃曾在此游玩。

16. 护龙街

苏州人民路在唐宋时期原名大街，为 3 米宽的石板街，后因其南起文庙书院巷，北到北寺塔，形如卧龙，名为卧龙街。清代乾隆南巡，苏州百官在此护驾，于是改称护龙街。书院巷以南至沧浪亭，即文庙东侧，原名三元坊。 周瘦鹃在此处一商铺对一株老梅一见倾心，后结识主人赵君培德，常去赏梅，辗转十年后终于买回了这株老梅。

17. 胥门

胥门位于苏州城西万年桥南。胥门作东西向，为春秋吴国建造都城时所辟古门之一，以遥对姑胥山（即姑苏山）得名。周瘦鹃搭船前往甪直镇鉴赏罗汉像曾路过此地。

18. 甪直白莲寺遗址

叶圣陶墓园北侧有一片空旷的草坪，上面放置着几只覆盆式石础和残梁残石，木牌上写着"白莲寺遗址"。周瘦鹃曾前往此地拜谒陆龟蒙墓。

19. 玄墓山圣恩寺

圣恩寺始建于唐天宝年间，原名天寿寺，坐落在苏州市吴中区光福玄墓山东南。南宋宝祐年间又建圣恩寺，两寺并存，为上、下道场，称天寿圣恩寺。寺中尚存石坊、天王殿、大雄宝殿、藏经阁、斋堂等古建筑，是现存结构比较完整、规模较宏伟的一处佛教寺院。周瘦鹃多次在此赏梅并做了两绝句赠与寺僧。

20. 马驾山

马驾山是我国四大探梅胜地之一。周瘦鹃多次在此赏梅，并设计修复梅花形的亭子和半山的轩屋，曾提议补种五百株梅花树。

21. 神仙庙

位于苏州石路南浩街的道教神仙庙，又名福济观，也称吕祖庙，乃供奉八仙之一吕纯阳之所在。神仙庙，原在阊门内下塘。苏州市民对轧神仙有着传统习俗，现经苏州市政府批准，移建于南浩街中段。周瘦鹃年年四月十四前去赏花。

22. 宝带桥

位于苏州东南75公里处的宝带桥，横卧于大运河和澹台湖之间的玳玳河上，有"苏州第一桥"之美称。唐元和年间，苏州刺史王仲舒为筹建此桥，变卖束身宝带。当地士绅深为此举感动，纷纷解囊捐赠，兴工建桥。为纪念王仲舒捐带建桥义举，人们将此桥命名为宝带桥。现在的宝带桥是明正统年间重建的，桥的南北两端原来各有一对石狮子。周瘦鹃幼时曾一个个地数过桥洞，并说道"我于那许多桥梁中印象最最深刻，要算是葑门外的那条宝带桥"。

23. 沧浪亭

沧浪亭景区位于苏州城南三元坊，是现存历史最为悠久的江南园林。与狮子林、拙政园、留园并称为苏州宋、元、明、清四大园林，代表着宋朝的艺术风格。沧浪亭景区占地面积1.08公顷，园内有一泓清水贯穿，波光倒影，景象万千。周瘦鹃曾观赏过浩歌亭畔的几株老梅。

24. 林屋洞

林屋洞位于西山镇东北部，在林屋山西部。相传，古时有龙居林屋洞内，故洞体似龙，又称"龙洞"，林屋山亦称龙洞山。"林屋梅海"已成为全国最大的赏梅及梅文化活动基地之一。每年2月底至3月初"太湖西山梅花节"胜会便在此召开。周瘦鹃曾在此游玩。

25. 显庆禅寺

包山寺，也叫显庆禅寺，又称包山精舍，在西山梅益村包山坞。寺建于梁大同二年（536年），初名福愿寺。唐上元年间改名包山禅寺，高宗赐名显庆禅寺。包山寺为西山众寺之冠，闻名天下，后遭毁坏，1995年重建。周瘦鹃曾到此游玩并入住一晚。

二、郑逸梅在苏州

（一）介绍

郑逸梅（1895—1992），本姓鞠，字际云，号逸梅，别署冷香、疏景、一湄、拙鸠等，生于江苏苏州。曾就读于苏州长元吴公立高等小学堂和草桥中学。早年他曾参加中国近代第一个民族革命旗帜下的文学社团——南社。1927年以后主要在上海从事教育和编辑工作。曾任上海诚明文学院、志心学院、新中国法商学院、音乐专修馆等校教授，国华中学校长、晋元中学及陕北中学副校长等职，并为《民权报》《申报》等多家报刊写稿。在蒋著超改编出版《民权素》杂志辟专栏《慧心集》，每期连载，踏上写作之路。《小说新报》称：无白不郑补。老报人徐卓呆、姚民哀称其为补白大王。在沪时，他主编《金刚钻报》《游戏新报》《消闲月刊》《小说素》等报文艺副刊，在《正言报》《和平日报》《今报》《新夜报》都辟有专栏，先后出版《小阳秋》《人物品藻录》《近代野乘》《味灯漫笔》《花雨缤纷录》《拈花微笑录》《皇二子袁寒云》等著作。1992年病逝，终年97岁。

（二）生活居住地

1. 玄妙观、观前街

郑逸梅在苏州时，每年年初一，都会和几个朋友到玄妙观中闲逛，走累了，就到三万昌茶馆去坐一会，靠近窗口，边喝茶边看热闹。他在《新年中之玄妙观》中写道："岁聿更新，人添喜气。我苏玄妙观，居城之中心，百业俱辍，得以嬉戏终朝，于是相率作玄妙观之游。观中鱼龙曼衍，百技杂陈，而负贩者流，麇集于此，为一年中之惟一利市。"

2. "双塔"寺前

据资料记载，"双塔"前面在民国时期曾有座小园林，系郑逸梅宅，宅后圃，春时红杏烂漫，前清士子赴贡院考试时宿处。现在"双塔"前，除了面对双塔的"唐宋遗韵"的影壁外，就是两侧后建的亭、廊，别无他物。再往前，是居民的住宅楼，难觅"郑逸梅宅"的踪影。

3. 阳澄湖

阳澄湖位于苏州市区的东北部，跨苏州市区、工业园区、相城区、昆山市，是江苏省重要的淡水湖泊之一。阳澄湖水产资源十分丰富，阳澄湖盛产七十种淡水产品，鳜鱼、甲鱼、白鱼、鳗鱼、清水虾、大闸蟹为湖中六宝，其中素有"蟹中之王"美称的阳澄湖清水大闸蟹更是驰名中外。郑逸梅在《蟹》一文里说：吴中星社尝有持螯会之举行，篱菊绽黄，湖蟹初紫，发酷恣饮，即席联吟。他在《说说大闸蟹》一文中也提到，旧时昆山一带靠近阳澄湖的捕蟹者，捕蟹时都在港湾间设置了闸门，闸由竹片编成。夜里挂上灯火，蟹见了光亮，便循光爬上竹闸。凡能爬上竹闸的，都是一只只身肥体壮健硕有力的大蟹。而捕蟹者到时只需在闸上一一提进篓里，甚是便捷，大闸蟹由此叫开。

三、徐碧波在苏州

（一）介绍

徐碧波（1898—1992），字芝房，江苏苏州人，别署五常、红雨等，曾主编《波光》《橄榄》等。民国后期沪上著名的小说家之一，主要作品有话剧：《第九天》《心狱》《灯明后》；剧本：《山东响马》《红蝴蝶》《儿女英雄》《残梦》《血泪鸳鸯》；解说：《秋扇怨》《红侠》；文章、小说：《中国有声电影的开端》《流水》《青春之火》《粉红莲》《四代女性》《空气》《苏州屋檐下》《学诗一得》《高初级论说文范》。1992年病逝，终年94岁。

（二）生活居住地

1. 光福镇上街

1898年11月4日，徐碧波出生于苏州光福镇上街。

2. 道堂巷小市桥

20岁时，徐碧波家由光福迁到苏州城里，先是居住在道堂巷小市桥旁一条典型的苏州老街巷，有小小的如园林般的庭院。

3. 慕家花园21号

迁居城里不久，徐碧波定居于慕家花园21号。白墙黛瓦，21号是一座典型的苏州民居，门口有着铁栅栏，带着现代气息。

4. 留园、鹤园、狮子林

20岁那年，徐碧波家由光福迁到苏州城里，他加入了苏州文学团体——星社，接触了许多文人，并自编《波光》旬刊。

1922年8月27日，范烟桥、赵眠云、郑逸梅、范君博在留园品茗聚会，发起成立文学社团，命名为星社。社名来源于范烟桥与赵眠云出版的周刊《星》。但郑逸梅持另一种说法，他说那天正好是七夕，故称之为星社。加入星社者最初有8人，后来发展到100余人，以苏沪两地有名的文人、书画家为主体，多半为苏州人，如徐碧波、周瘦鹃、陶冷月、江小鹣、吴湖帆、包天笑、颜文樑、蒋吟秋等在当时苏州、上海拥有一定知名度的人物，也有张善孖等外乡人。

5. 苏州公园

1927年，徐碧波、程小青、叶天魂在苏州五卅路公园内东斋对面，自建房屋，自备发电机，开设了一家正规的电影院——公园电影院。如今，东斋茶室还在，原来是电影院的地方却变成了一个小池塘。夏天临近，许多人在水边乘凉、垂钓。

四、赵眠云在苏州

（一）介绍

赵眠云（1902—1948），原名绍昌，字复初，号眠云，别署心汉阁主，江苏吴江人，生于苏州，居胥江枣市街。室名心汉阁，羽翠鳞红馆，酒痕春绿馆。昆山胡石予作《赵书城家传》，叙其家世颇详。赵书城是赵眠云之父，擅书法，篆刻，曾任江苏省水上警察厅咨议。因喜文艺不善政界工作而辞职。赵眼云亦擅书法、精篆刻，在作品落款处喜欢题写"松陵赵眠云"。晚年以卖字画为生。

1921年，赵眠云与范烟桥等人结文学团体"星社"，因其年事为长，众人推举其为"经理"。抗战后，举家避寇沪滨。主上海国华中学，复以人事不谐，一年后学校解散。承受了中年丧妻的赵眠云于1945年重归吴门，租居曹吴徐巷，以卖字画为生。后又病脚，举步维艰，际此米珠薪桂之秋，已至水尽山穷之境，终在1948年5月，抛下高堂、弱子，辞尘以去，终年46岁。

赵眠云和郑逸梅曾合编过《星宿海》《罗星集》等书，汇集星社社友的作品。星社十周年纪念时，拟辑《星社丛书》，后终因战事纷纭致计划落空。曾著有笔记集《云片》和小说集《双云记》，均由郑逸梅设计刊行。两书大概也早已被时光湮没，难以寻觅了。另有旧文《心汉阁扇集》《心汉阁杂记》《酒痕新绿馆酒痕》《如是我闻》《他人酒盃》等，如今大多难以寻觅了。

(二) 生活居住地

1. 天平山

在1926年的农历立夏时，苏州文学社团"星社"由赵眠云负责组织了一次社员聚会。此次聚会，赵眠云包租了金门外南新桥堍富春楼酒家的画舫，载酒饯春游山。事前，赵眠云分别发函到上海给郑逸梅、江红蕉、包天笑、周瘦鹃等客寓上海的文人，告知郊游事务。在这个旅游过程之中，赵眠云等星社成员依次经过了广济桥（乘坐画舫游船）、栖星桥、天平山、童梓门、高义园、一线天、莲花洞、白云洞。

2. 心汉阁（枣市街）

枣市街是苏州市区西南部的一条街巷，在胥江北岸，东起胥门外泰让桥，西至双桥。明清时为枣子集市，故称枣市上、枣栈上。民国《吴县志》作枣市大街，《苏州城厢图》标作枣市上，《吴县图》《苏州图》标作枣市街。旧时枣市街为胥门至横塘必经之路。赵眠云所居住的地方，别名又叫"羽翠鳞红馆""酒痕新绿馆"。

3. 点头石

苏州虎丘千人石东北角有个池塘叫白莲池，池里有块石头叫点头石，外表方棱出角。1920年夏，赵眠云与范君博、郑逸梅三人契订金兰，结为异姓兄弟，在虎丘生公说法的点头石旁，摄影留念。

4. 留园（拥翠山庄）

1922年七夕，星社首次雅集于留园，与会者有赵眠云、范烟桥、郑逸梅、范君博、顾明道、屠守拙、姚赓夔、范菊高、孙纪于等九人。当时在又一村合摄一影，为题字留念，便由范烟桥题"星社雅集"。

5. 枣花墅怡寿堂

赵眠云性豪爽，喜交游，来吴中寻幽探胜的四方文士，他都会精心款待，极尽地主之谊。有一次，张春帆和画家赵子云到苏州来，赵眠云设宴于"枣花墅"怡寿堂中,并邀请星社社友一起参加。赵子云当场作芍药立幅,陈迦庵补以兰花,赵眠云题诗一首:采兰赠芍国风篇,画意诗情两茫然。一曲胥江门外绿,春花秋月自年年。

6. 观前街醋坊桥邮政支局

赵眠云、范烟桥、吴闻天、黄转陶四人合作,编辑出版了三日刊,名字叫《星报》,这应该是苏州经邮局发行的第一份报纸。与星社《星报》"立卷"的邮局,是开在观前街醋坊桥的邮政支局。

五、程小青在苏州

(一)介绍

程小青(1893—1976),名青心,别号茧翁,上海人,但长期居住在苏州。幼年家贫,曾入振华西乐队,还在亨达利钟表店当过学徒,习作小说、散文,向报刊投稿,后入业余学校补习英语。1915年起开始翻译英国文人柯南·道尔的《福尔摩斯探案》。1917年由沪迁居苏州,任东吴大学附中国文教员,业余创作侦探小说《霍桑探案》。1920年与他人合编《侦探世界》等文艺杂志。1930年前后开始翻译美国侦探小说《斐洛凡士探案》《陈查理探案》《柯柯探案》,并参加苏州文艺团体"星社"。著名报人郑逸梅曾称赞他:毕生精力,尽瘁于此,也就成为侦探小说的巨擘。这期间,开始编写剧本,先后为上海明星影片公司、国华影片公司编写剧本30余部,多为侦探题材。抗日战争爆发后,程小青一度迁居安徽黟县,并与同往的东吴同事合办东吴临时中学一学期。一年后回沪,时东吴附中在上海开学,程小青仍回校执教。又与他人合编《橄榄》杂志,数期后被禁停办。抗战胜利后回苏,仍执教于东吴大学附中,并主编侦探小说期刊《新侦探》。

新中国成立后,程小青任教于苏州市第一中学。1956年调离教职,从事专业创作。为中国文人协会江苏分会会员、江苏省文化艺术工作者联合会委员。他的小说均以侦探故事为题材,内容丰富,故事情节曲折,人物刻画生动,是中国现代侦探小说中的杰出作品。创作《江南燕》《珠项圈》《黄浦江中》《八十四》《轮下血》《裹棉刀》《恐怖的话剧》《雨夜枪声》《白衣怪》《催命符》《索命钱》《新婚劫》《活尸》《逃犯》《血手印》《黑地牢》

《无头案》等 30 余部侦探小说。曾当选为苏州市政协委员、江苏省政协委员、中国民主促进会江苏省委会委员。1976 年 10 月 12 日，病逝于苏州，终年 84 岁。遗有《茧庐诗词遗稿》。

(二) 生活居住地

1. 严衙前

1915 年春天，因受聘教外籍教师学习吴语，携母、妻、妹等，程小青举家迁往苏州，在严衙前租房安置下来。从望星桥西行至凤凰街东，路程中有几条弄堂叫严衙弄，现为居民小区，高楼掩映，某座建筑物上还存留着生锈的"严衙弄✕号"的牌子。程小青这一时期的住所已不可考。

2. 百步街

百步街位于苏州市沧浪区，南出吴衙场正对砖桥，北接盛家带正对望门桥。1915 年秋，程小青被聘为苏州景海女子师范学校国文教员，定居于葑门附近的百步街。

3. 圣约翰教堂

苏州圣约翰堂位于苏州市沧浪区十梓街 18 号（东端），苏州大学本部西校门外，是美南监理会在苏州创建的第一座教堂。1917 年春，程小青在苏州天赐庄东吴附中经人介绍加入基督教监理会（后改为中华基督教卫理公会），经常在此参加礼拜活动。

4. 茧庐

1923 年秋，因作品增多，名声日隆，程小青被聘为东吴大学附属中学（今苏州中学）语文教员。本年，用多年积蓄在苏州天赐庄附近的寿星桥（今望星桥北堍弄 23 号）购地，营造房屋十多间，堂前广栽花木，后园种植菜蔬。程小青在此居住，名所居为"茧庐"。

六、范烟桥在苏州

(一) 介绍

范烟桥（1894—1967）名镛，字味韶，号钦，别署含凉、鸱夷、乔木等，吴江同里人。幼年师从金天翮。1911 年入苏州长元吴公立中学，始作诗词，辛亥革命时停课回乡，因仰慕南社遂与里中青年结"同南社"，集社友诗文出版，这期间结识柳亚子，入南社。1912 年入杭州之江学堂。1913

年入南京国民大学商科，年余辍学归里，任小学教员。后任吴江县劝学所劝学员，时始作小品投寄上海期刊《余兴》，得主编包天笑奖掖。后创办《同言报》《吴江周刊》。1922年迁居苏州，常为上海各报副刊及杂志写稿，并创作长篇小说《孤掌惊鸣记》；与赵眠云创办小型周刊《星》，组织文学团体"星社"。后执教于上海正风中学、持志大学、苏州东吴大学附中，并先后主编《小日报》《珊瑚》半月刊。1936年至上海明星影片公司任文书科长。抗日战争初期曾为国华影业公司改编、撰写《乱世英雄》《西厢记》《秦淮世家》《三笑》《无花果》《解语花》等电影剧本。1942年日伪统治上海电影界，拒不合作，辞去职务。抗日战争胜利后，任职于《文汇报》总务部，主编《文汇画报》。1946年东吴大学附中恢复，遂回苏州任教。

新中国成立后历任吴县土地改革委员会委员、苏州市文化处处长、文化局局长、苏州市政协副秘书长等职。1958年调任苏州市文物保管委员会副主任。曾当选为苏州市人大代表、江苏省政协常委、中国民主促进会中央候补委员、江苏省委常委、苏州市委副主任委员兼秘书长，江苏省文联副主席。主要作品有《花草苏州》《太平天国》《唐伯虎故事》《李秀成在苏州》《韩世忠与梁红玉》《南冠草》《苏州四才子》《李自成演义》《中国小说史》《书信写作法》《学诗门径》及《花蕊夫人》短篇小说集和数百首诗词。1967年3月病逝于苏州，终年74岁。

（二）生活居住地

1. 温家岸

温家岸东沿临顿河，南起旧学前东口北侧，北至史家巷东口。传旧时岸边有温家旧宅。同治《苏州府志》作温家下岸，民国《吴县志》并注：今呼温家岸，南新桥西南。《姑苏图》标温家下岸，《苏州城厢图》《吴县图》《苏州图》均标作温家岸。郑逸梅的《南社丛谈》谈到范烟桥，说他的父亲从同里举家搬到苏州，看中了温家岸这个地方，便买下了一幢房子，是顾阿瑛雅园的一角，就是如今的17、18、19号。郑逸梅曾说："据称屋有狐祟，很不吉利，但葵忱不信这些传闻，居住了也不见所谓异变，因葵心向日，取名向庐。又以墙东为顾阿瑛雅园遗址，又傍其东偏小室为邻雅小筑。旧栽山茶，尚有花繁荣，烟桥因有'一角雅园风物旧，海红花发艳于庭'之句。"葵忱就是范烟桥的父亲。直到1979年，向庐才归还给范氏后裔，如今尚存花厅、方厅、书房等建筑及太湖石假山。木门新刷了一层红色油漆，门上挂着铜牌，墙上木牌上写着"范烟桥故居"几个字。现在温家岸 17 号居住着范烟桥大儿子家的三个子女，18、19 号均已归苏州房产局所有，里面居住着多户人家，18 号除前面三进门还是原来范烟桥在世时的样子之外，后面的房屋曾拆掉重建。

范烟桥此后的人生都与温家岸有着很大的联系，他在这里走过人生最后的岁月，曾在一篇旧文中写道："我家有院，又假山数垛，颇嵌空玲珑，有池虽天旱不涸，有榆树不可合抱，其他梧桐、腊梅、天竹、桃、杏、棕榈、山茶，点缀亦甚有致。"主人范烟桥去世之后，向庐被充公，因年久失修，墙塌屋危，又被拆除旱船、廊屋，改建为平房住宅，水池亦被填平。著名画家尢玉淇也住在温家岸，就在邻雅小筑附近。尢玉淇写过一篇《温家岸这条小街》，是追忆霞光艺术社与苏州木刻社的纪念文章，文中提到自己所住的古宅："这座古宅，现在是温家岸 24 号，及与他相通的 1 号、2 号、3 号三个门牌。但在当时，却只有两个门牌，那就是 36 号和 40 号。这座清代建筑，有厅有楼、有堂有轩，当然还有不少住房，而恰恰这座房子，我可称是年轻的主人，于是，顺理成章地成了这些年轻人活动的天地。"尢玉淇在文章中提到范烟桥，文中写道："过一段时间，由于《早报》改版，《奔流旬刊》也因此而中辍了。但是温家岸这条街上，还住着范烟桥先生，由于是邻居，我这后生小子，就去求助于范先生。范老那时是《苏州明报》的副刊编辑，蒙他慨允每月让出两天版面，让我们出半月刊，但不能用文艺团体的名义，所以用我个人的名字，作为主编，取名《鲜葩》，报头是当时颇有才气、乾泰祥绸布店里的青年店员孙松青所绘制。"

2. 留园

1922 年，范烟桥在苏州与赵眠云组织星社。

3. 东吴大学

1931 年冬，任东吴大学附中国文教员。1932 年，受聘东吴大学讲授小说课程。

4. 苏州博物馆

1958 年，范烟桥任苏州市文物保管委员会副主任，在文庙设苏州地志博物馆，后移在东北街忠王府，更名苏州博物馆。

参考资料

1. 哲学、美学理论

黑格尔:《美学》,商务印书馆,1979。

马克思、恩格斯:《马克思恩格斯全集》,人民出版社,2001。

李泽厚:《美的历程:插图本》,广西师范大学出版社,2001。

2. 上海与江南文化

上海信托股份有限公司编辑部:《上海风土杂记》,上海信托股份有限公司,1932。

郑逸梅、徐卓呆:《上海旧话》,上海文化出版社,1986。

《上海出版志》编纂委员会:《上海出版志》,上海社会科学院出版社,2000。

《上海租界志》编纂委员会:《上海租界志》,上海社会科学院出版社,2001。

李欧梵:《上海摩登:一种新都市文化在中国1930—1945》,毛尖译,北京大学出版社,2001。

熊月之、马学强、晏可佳:《上海的外国人(1842—1949)》,上海古籍出版社,2003。

卢汉超:《霓虹灯外:20世纪初日常生活中的上海》,段炼、吴敏、子羽译,上海古籍出版社,2004。

楼嘉军:《上海城市娱乐研究(1930—1939)》,文汇出版社,2008。

张仲礼:《近代上海城市研究(1840—1949年)》,上海文艺出版社,2008。

刘士林:《江南文化的当代内涵及价值阐释》,《学术研究》2010年第7期。

3. 周瘦鹃作品

周瘦鹃辑：《绿窗艳课》，大东书局，1924。

周瘦鹃：《苏州游踪》，金陵书画社，1981。

周瘦鹃：《拈花集》，上海文化出版社，1983。

周瘦鹃：《姑苏书简》，新华出版社，1995。

范伯群：《鸳鸯蝴蝶派：〈礼拜六〉派作品选》，人民文学出版社，1991。

范伯群、范紫江：《哀情巨子：周瘦鹃代表作》，江苏文艺出版社，1996。

范伯群：《周瘦鹃文集》，文汇出版社，2011。

4. 周瘦鹃研究文献

范伯群：《周瘦鹃和〈礼拜六〉》，《苏州大学学报》（哲学社会科学版）1988年第1期。

王智毅：《周瘦鹃研究资料》，天津人民出版社，1993。

范伯群：《周瘦鹃论》，《中山大学学报》（社会科学版）2010年第4期。

陈建华：《民国文人的爱情、文学与商品美学：以周瘦鹃与"紫罗兰"文本建构为中心》，《现代中文学刊》2014年第2期。

5. 鸳鸯蝴蝶派研究文献

芮和师、范伯群、郑学弢等：《鸳鸯蝴蝶派文学资料》，福建人民出版社，1984。

范伯群：《中国近现代通俗作家评传丛书》（12册），南京出版社，1994。

刘扬体：《流变中的流派："鸳鸯蝴蝶派"新论》，中国文联出版公司，1997。

汤哲声：《中国现代通俗小说流变史》，重庆出版社，1999。

夏志清：《中国现代小说史》，刘绍铭等译，复旦大学出版社，2005。

范伯群：《中国现代通俗文学史（插图本）》，北京大学出版社，2007。

范伯群、朱栋霖：《中外文学比较史（1898—1949）》，江苏教育出版社，2007。

许纪霖等：《近代中国知识分子的公共交往（1895—1949）》，上海人民出版社，2008。

包天笑：《钏影楼回忆录》，中国大百科全书出版社，2009。

6. 报刊

《申报》《良友画报》《北洋画报》《上海画报》《大光明》《吴县日报》《苏州明报》《大中华百合特刊》《开心特刊》《明星特刊》《半月》《礼拜六》《新小说》《绣像小说》《月月小说》《小说林》《小说世界》《红玫瑰》《紫罗兰》

后　记

1995 年，我从赣鄱大地来到江南水乡求学，自此未离苏州。我对这里的大街小巷了如指掌，而且连我曾以为的这辈子都听不懂的苏州话，现在亦能听懂五六分了。家在苏州，当然不能不一亲小桥流水的芳泽。"人家尽枕河，水巷小桥多"，我在苏州的街、坊、巷中独行着，一边写下些文字，慢慢地就有了《城门边的桥》。在这篇文章中，我感叹于盘门边吴门桥的从容气度：

> 盘门却太寒，太重，太自负。城楼却一路上锁，长长的碎石路到了尽头，就是烟雨重门，"庭院深深深几许"，看到的却是周密的铁栅栏，探询的目光被粗粗截断。寂寞森严的城堞，圆圆的小射孔后面藏过血红的眼睛，只知道杀伐鏖战，不知道亲善和平。这也难怪，战乱频仍需要自我防卫，只是这已成了习惯，习惯变作了顽固，使得盘门坚持着战斗的姿势，竖起盾牌，每一块石头都怒目圆睁，以冰冷的姿态对抵抗着 2500 年前的越军，也抵抗着五彩斑斓的现代。可是盘门没有为吴国带来和平，越国的军队没从盘门进来，而是从苏州西南郊石湖的越城桥杀入。周元王三年（前 473 年），越军趁太湖水涨，沿越来溪、胥江直抵苏州，一举灭吴。空空的盘门无比懊恼地结束了枕戈待旦的生涯，开始为战争做深刻的反思。王朝在血火中建立，文明却要靠和平来保障。沉重的铁栅可能挡不住袭来的蝗箭，而一座石桥，反可不受朝代更迭的影响，吴国人走得，越国人也走得，只要可以打通关节，促进交流即可。从这点看，吴门桥的气度不知高了盘门几筹。

后来又有了一篇《寂寞宝带桥》：

> 我以为会找不到她，因为面前分明没路了，右边是河，左边是铁门紧锁的院落。我从河边一人宽的岸道插过去，眼前一亮：宝带！1200 年的宝带桥，驮负着多么深厚历史文化的宝带桥啊，就这样赤裸

裸地出现在一个眼里满是渴望的学生面前,像一个娴静的美妇,轻轻垂首问道:"你总算来了?"是的,我来了,鼻子被河风吹红了,手被吹凉了,一颗心却是热的。宝带桥美就美在那略略一拱,舒长的躯体,因为它而曲线毕露,玲珑剔透。有人说,每一架古琴都是一个人,有琴头、琴身、琴尾之分;而我说,每一座桥也是一个人,宝带更是美人。她的头就斜枕在我的脚旁,水波是长发,她的足就抵着北端的小亭,那亭不就是她的木屐吗?桥头的石狮是她的发簪,桥墩间的石塔是她的环佩,水流桥下,汩汩有声,就是她的鸣铛响饰了。而中间一拱,自是丰腴的臀,舟楫从她的臀底往来川息,就像孩子在母亲的子宫里得到滋养。宝带桥,不就是哺育百姓、哺育历史的母性之神吗?

一日,闲读间,我读到一篇同样写宝带桥的文章《不断连环宝带桥》,笔锋老到,文辞隽永,作者就是周瘦鹃。

苏州原是水城,向有"东方威尼斯"之称,所以城内外的桥梁也特别多。唐代大诗人白居易任苏州刺史时所作一诗中,曾有"绿浪东西南北水,红阑三百九十桥"之句,可以为证。我于那许多桥梁中印象最最深刻的,要算是葑门外的那条宝带桥。桥身很长,共有环洞五十三个;记得我幼时曾一个个数过,数第一遍时似乎多了一个,数第二遍时,却又似乎少了一个,总是不能数得准确。

周瘦鹃多次去过宝带桥,当时抵达宝带桥还要划船,苏州当地人去都不太方便,可见他来往苏州之频繁。读完此文,颇有张若虚那首流传千古的《春江花月夜》中所写的"江畔何人初见月?江月何年初照人?人生代代无穷已,江月年年望相似"的意味,身处不同时代的我与周瘦鹃却站过同一座宝带桥,焉不唤起我与这位民国才子的灵魂共鸣?于是又有了另一篇《石湖往事》:

苏州的湖泊中间,石湖别具一格。相对其他湖泊的生产意义、生活意义、交通意义而言,石湖最具有文化气息,而且这种文化还不是汪洋恣肆、狂放不羁的,而是含蓄内敛的、柔肠百结的。石湖的文化长度之长与文化密度之疏形成了一种对于游客恰到好处的轻松体验。在这里游玩不会感到过于跳脱和压抑,必须整整衣冠、收束心思、抖抖风尘、定定情感才能走进的。湖泊的排行榜里,是没有石湖的影子的。也正因为这样,石湖成了一个在文化里逃逸的孩子,充满了自由的荒芜之美,游客们不必在头脑里搜索大量的历史文化典故来强迫自己与眼前的风景对应,而只需记忆那么几个人。就是这么几个人,只与石湖对应,只与石湖相守,而获得了反复记忆的可能。在这里游玩,心中不会太过焦急,步履不会太过匆忙,急着去探寻一个又一个书页中读到的文化遗迹,一次又一次地证实自己与这个著名的遗迹的共同存在,当然也不会在如潮的人海中失去对这个文化坐标的认识,而变成随着人潮人海涌动的一叶扁舟,失去了与文化遗迹进行历史性对视的可能。在石湖,这样的对视才有可能。因为文化层垒少,反而能更加清晰地看见已有的文化的细致脉络。因为文化层垒少,来的人都反而可以享受到自然和文化的最美融合,而不会看到人潮淹没自然的无奈景象。因为文化层垒少,来的人相对较少,这就给已经在其间的文化体验者更为悠徐舒服的空间,近看绿波连连,远看鸥鹭展翅。这是为什么石湖大的原因了。大在一种心灵体验的宽阔性上。正因为如此,石湖更偏向于人间,而不像有些湖泊,要么痴立在森严的自然里,要么耸立在繁复的文明里,端着架子,一点也不亲近。

周瘦鹃的《石湖》则轻松明快得多:

行春桥接近上方山麓,有环洞九个,倒影湖水中,足供观赏。每年农历八月十八日,很多人都到这里来看串月,桥边船舶如云,连接不断,鼓乐之声,响彻云霄,一直要到天明才散。所谓串月,据说是十八夜月光初现的时候,映入行春桥桥洞中,其影如串;又有一说:十八夜从上方塔的铁链中间,可以看到此夜月的分度,恰当铁链的中央,联成一串,所以名为串月。清代沈朝初有《忆江南》词咏之:苏州好,串月看长桥。桥畔重重湖面阔,月光片片桂轮高。此夜爱吹箫。

我叹赏于这种平实凝练的表达力与深厚的诗词素养。越是平常的景观越难描写,而周瘦鹃轻轻落笔、细细道来,"于平常处见奇崛"。追沿周瘦鹃先生之游踪行走苏州,不亦乐乎!

周瘦鹃既是市民大众文学的领军人物,也是江南文化的闪光名片。少了周瘦鹃的江南文化研究是不完整的。我与周瘦鹃正式结缘始于师从朱栋霖先生从事"鸳鸯蝴蝶派与早期中国电影"的研究。一日,先生说:"你可先研究周瘦鹃,比如他发表于《申报》的《影戏话》。"谨遵师命的我遂启动了周瘦鹃研究之旅。我用了两个月的时光,在苏州科技大学图书馆特藏室里，查阅并精读了《申报》里的周瘦鹃的《影戏话》，深深折服于这批被陈建华称为"中国最早的文人影评"的"开眼看天下"的高远眼界与婉约多姿的修辞水准。陈建华在《格里菲斯与中国早期电影》（载《当代电影》2006 年第 5 期）一文中说《影戏话》有 14 篇，而我翻检后发现，周瘦鹃任《申报》自由谈副刊主编期间共发表了 16 篇《影戏话》，发表时间为 1919 年 6 月 20 日—1920 年 7 月 4 日。后来我将研究成果《周瘦鹃〈影戏话〉与中国早期电影观念生成》投往权威期刊《电影艺术》并发表。我在论文中表达了对周瘦鹃影史地位的认同："周瘦鹃作为颇具影响的鸳鸯蝴蝶派作家，亲身参与电影剧本创作和改编实践。他撰写的《影戏话》不仅是早期电影批评的珍贵范本，也是反映早期民国电影观念的重要窗口。从《影戏话》可以得知，'五·四'后以周瘦鹃为代表的鸳蝴文人频繁的观影活动及对西方电影的了解，使他们迅速走上电影创作、批评的道路。鸳蝴文人与电影亲密接触的过程，正是中国早期电影观念生成的重要时期：他们既传播西方电影观念，又生成和记录本土的电影观念，有力地促进中国电影的发展。"

以此文开篇，我踏上了早期中国电影研究之旅，相继在《电影艺术》上发表《被遮蔽的个人话语——陈玉梅作为女星的范式生存：兼与其他三位电影皇后比较》《徐碧波与早期中国电影》《小城光影——民国苏州电影放映的发展与影响》等论文。令人遗憾的是，学界对以周瘦鹃为代表的鸳鸯蝴蝶派作家仍存偏见、误解。一位北京专家对我的送审博士论文《鸳鸯蝴蝶派与早期中国电影（1919—1930）》的意见是：对鸳鸯蝴蝶派作家"评价过高"。当我拿着盲审意见向时任我的论文答辩委员会主席的范伯群汇报时，他轻轻回了一句："不要放在心上！"范先生之所以这样说，是基于他对于这个流派的价值的深刻体认。他为研究鸳鸯蝴蝶派作家付出了常人难以想象的艰辛努力，然而他高擎坚定的信念之炬，驱散了充满驳诘、责问、非难的阴霾。2010 年，立于数十年鸳鸯蝴蝶派研究的基石之上，范先生在《中山大学学报》上发表了一篇《周瘦鹃论》，以高屋建瓴的语言表达了他对以周瘦鹃为代表的鸳鸯蝴蝶派作家的整体性认同：

> 而新文学家中不少人住的是亭子间，市民是他们的邻居，可是他们以为四周都是庸俗不堪的"俗众"，与他们在精神上格格不入。他们对市民社会的认识空缺，对市民社会的许多现代性内涵显得冷淡与漠

视,这或许是某些新文学家的历史局限性。我们反观今天现实中的市民的一切时尚元素,难道不觉得周瘦鹃所报道与抒写的时尚,又部分地"复活"了吗？我们今天的媒体人,正在自觉或不自觉地运用周瘦鹃的成功经验。

对我的周瘦鹃研究而言,范先生既是我的引路人,也是我的同行者。

在爬搔梳栉文献资料的过程中,我愈发清晰地认识到周瘦鹃不只是"文学艺术家",而且也是"生活艺术家"的事实。我将这一思考行诸文字。在《游园惊梦话瘦鹃》（载《江苏地方志》2018年第2期）中,我认为周瘦鹃的生活美学与精致典雅的园林艺术之间存在相通之处："把一朵花修成风景,把一片荷叶过成节日,像创作美文一样营造宅邸,像修改作品一样尊重生活,这才是风雅生活本来该有的模样。在周瘦鹃充满世俗栖息的文艺作品后面,藏着的正是这样一个充满民族意识、伦理秩序感、道德使命感的精致美丽的园林般的心灵家园。"在《周瘦鹃的茶事生活及美学追求》（载《江苏地方志》微信公众号）一文中,我认为茶开启了一扇通向周瘦鹃精神世界的大门："以周瘦鹃为代表的一批苏州鸳鸯蝴蝶派不但在通俗文学作品上继承了明清文艺旨趣,而且在个人生活方式上将明清典雅精致的生活情趣沿袭了下来,他注重营造美的精神世界,茶成了他进入美丽的精神世界的入口。"在《探索与争鸣》杂志社和上海师范大学联合举办的"国际都市文学与文化研讨会"上,我宣讲了以周瘦鹃"跨城生活"为主题的论文。在文中,我指出周瘦鹃的"跨城"不但影响了他的文学创作,而且与当代苏州文化的建构不无关系,可谓书写了这座"率先现代化"之城的精神底色。我也通过这些研究增进了对周瘦鹃生活美学中包蕴的生活观、价值观与人生观的深切体悟。

2017年年底,为深入推进"名城名校、融合发展"的战略实施,根据江苏省委《关于加强江苏新型智库建设的实施意见》等文件精神,结合"十三五"事业发展规划及学校第三次党代会所明确的建设目标,充分发挥学校学科特色和人才、智力优势,不断加强与地方政府的联系与合作,努力提升苏州经济社会发展贡献度,苏州科技大学通过有效整合校内外优质资源,在"苏州乡村振兴研究院""历史文化名城保护研究院"等研究平台基础上,组建了"城市发展智库",统领学校人文社科研究平台建设和社会服务工作开展。本书忝列城市发展智库之"江南文库"出版计划,欣喜之余备觉压力。我意在推动周瘦鹃研究堂皇步入江南文化研究殿堂，但受限于才疏学浅，能否达成所愿，心有惴惴焉！

冬日严寒，木叶尽脱。转眼又是旧历年底，然而也是虎年伊始。恩师之垂范、同门之援手、家人之襄助皆鼓舞我铆足"虎"劲砥砺前行。刘禹锡的《浪淘沙·莫道谗言如浪深》云："千淘万漉虽辛苦，吹尽黄沙始到金。"本书为"吹尽黄沙"的产物，但结果并非一定是黄金，极可能掺杂砂石、破铁与废铜，渴盼江南文化研究方家不吝摘剔，"感君忠言恩，良药把病除"。

初稿成于2022年农历正月初一，二稿成于惊蛰，三稿成于谷雨

苏州山水华庭